建筑工程职业技能岗位培训图解教材

测量放线工

本书编委会 编

U0268593

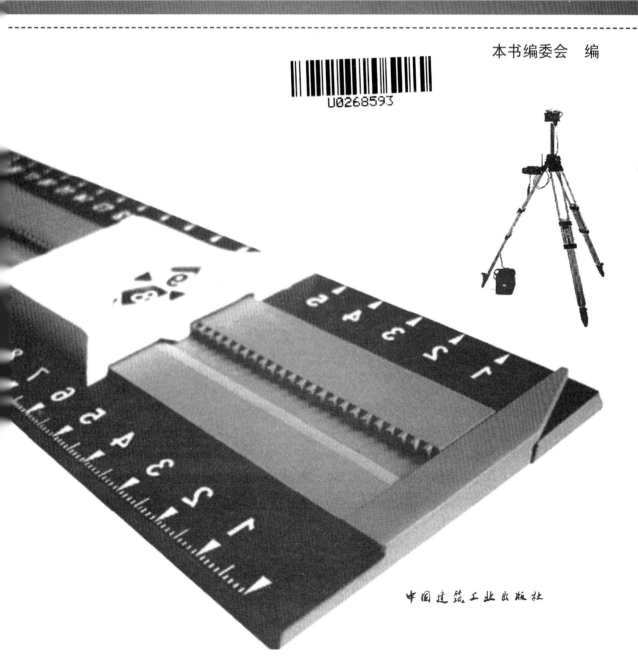

中国建筑工业出版社

图书在版编目（CIP）数据

测量放线工 / 本书编委会编 . —北京：中国建筑工业出版社，2016.1
建筑工程职业技能岗位培训图解教材
ISBN 978-7-112-18779-9

I.①测… II.①本… III.①建筑测量—岗位培训—教材 IV.① TU198

中国版本图书馆 CIP 数据核字（2015）第 284535 号

本书是根据国家颁布的《建筑工程施工职业技能标准》进行编写的，主要介绍了测量放线工的基础知识、建筑构造和识图、小区域测量、经纬仪的操作技能、水准仪的操作技能、普通的测距方法、全站仪的使用、沉降观测与竣工测量以及测量工作的管理等内容。

本书内容丰富，详略得当，用图文并茂的方式介绍测量放线工的施工技法，便于理解和学习。本书可作为建筑工程职业技能岗位培训相关教材使用，也可供建筑施工现场测量放线工人参考使用。

责任编辑：武晓涛
责任校对：张 颖 赵 颖

建筑工程职业技能岗位培训图解教材

测量放线工
本书编委会 编
＊
中国建筑工业出版社出版、发行（北京西郊百万庄）
各地新华书店、建筑书店经销
北京京点图文设计有限公司制版
北京京华铭诚工贸有限公司印刷
＊
开本：787×1092毫米 1/16 印张：10¾ 字数：250千字
2016年1月第一版 2016年1月第一次印刷
定价：**30.00**元（附网络下载）
ISBN 978-7-112-18779-9
　　　（28056）

《测量放线工》
编委会

主编： 刘立华

参编： 王志顺　　张　彤　　伏文英　　陈洪刚
　　　　刘　培　　何　萍　　范小波　　张　盼
　　　　王昌丁　　李亚州

前　言

近年来，随着我国经济建设的飞速发展，各种工程建设新技术、新工艺、新产品、新材料也得到了广泛的应用，这就要求提高建筑工程各工种的职业素质和专业技能水平，同时，为了帮助读者尽快取得《职业技能岗位证书》，熟悉和掌握相关技能，我们编写了此书。

本书是根据国家颁布的《建筑工程施工职业技能标准》进行编写的，主要介绍了测量放线工的基础知识、建筑构造和识图、小区域测量、经纬仪的操作技能、水准仪的操作技能、普通的测距方法、全站仪的使用、沉降观测与竣工测量以及测量工作的管理等内容。

本书内容丰富，详略得当，用图文并茂的方式介绍测量放线工的施工技法，便于理解和学习。本书可作为建筑工程职业技能岗位培训相关教材使用，也可供建筑施工现场测量放线工人参考使用。同时为方便教学，本书编者制作有相关课件，读者可从中国建筑工业出版社官网下载。

本书编写过程中，尽管编写人员尽心尽力，但错误及不当之处在所难免，敬请广大读者批评指正，以便及时修订与完善。

编者

2015 年 9 月

目　录

第一章
测量放线工的基础知识

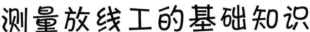

第一节 职业技能等级要求

1. 初级测量放线工应符合下列规定

（1）理论知识

1）了解识图的基本知识，看懂分部分项施工图，并能校核小型、简单建筑物三面投影图的关系和尺寸；

2）了解工程构造的基本知识，掌握一般建筑工程施工程序及对测量放线的基本要求，本职业与相关职业的关系；

3）掌握测量工作基本概念、基本内容及测量工作程序的基本原则，了解测量误差的基本知识，了解测量坐标系统；

4）了解点的平面坐标、标高、长度、坡角、角度、面积和体积的计算方法，一般函数计算器的使用知识；

5）掌握普通水准仪、经纬仪的构造、性能及操作使用方法，仪器保养知识；

6）熟悉普通测距工具的使用方法及操作要领；

7）了解水准测量方法及测设检验标高、角度测量方法及测设检验角度、距离测量方法及钢尺测距误差改正；

8）了解施工验收规范和质量评定标准，测量记录、计算工作的基本要求；

9）了解安全生产基本常识及常见安全生产防护用品的功用。

（2）操作技能

1）掌握普通水准仪操作，仪器安置、一次精密定平、抄水平线、设水平桩和皮数杆、简单方法平整场地的施测和短距离水准点的引测；

2）掌握水准测量转点的选择，正确使用水准尺和尺垫，记录规范；

3）掌握普通经纬仪的操作，仪器安置、标定直线、延长直线和竖向投测，正确读数和记录；

4）正确使用标杆、测钎、觇牌、垂球线等照准标志；

5）掌握距离丈量，用钢尺测设水平距离及垂线测设，拉力计、弹簧秤、温度计的正确使用，了解成果整理和计算；

6）掌握测量仪器、工具的妥善保管、维护及安全搬运和安全使用；

7）掌握打桩定点、埋设施工用半永久性测量标志、做桩位的点之记、设置龙门板、垂球吊线、撒灰线、弹墨线；

8）掌握简单、小型建筑物的定位、放线；

9）正确使用劳防用品进行简单的劳动防护。

2. 中级测量放线工应符合下列规定

（1）理论知识

1）了解制图的基本知识，看懂并审核施工总平面图和有关测量放线施工图的关系和尺寸；

2）了解一般建筑构造、建筑结构设计的基本知识；

3）熟悉一般建筑工程施工特点及对测量放线的基本要求；

4）了解测量内业计算的数学知识和函数型计算器的使用知识，能进行一般内业计算；

5）了解测量误差的来源、分类、性质及处理原则，测量误差的精度评定标准及限差设定，测量成果的精度要求，误差产生主要原因和消减办法；

6）掌握自动安平水准仪的构造及操作使用，了解普通水准仪的检校原理和步骤，掌握水准路线布设和测设高程；

7）掌握普通全站仪和电子经纬仪的构造及操作使用，了解普通经纬仪检校原理和步骤；

8）掌握视距测量、光电测距和激光准直仪器在施工测量中的一般应用；

9）了解根据测量方案，布设场地平面和高程控制网，一般工程测量放线方案编制知识；

10）了解沉降观测基本知识和竣工平面图的测绘要求；

11）熟悉安全生产操作规程。

（2）操作技能

1）掌握普通水准线路测量，水准成果简单计算，场地平整施测及土方计算；

2）掌握经纬仪测设方向点，坐标法或交会法测设点位，圆曲线的计算与测设；

3）掌握红线桩数据计算复核及现场校测；

4）根据已知点，测设一般工程场地控制网或建筑主轴线；

5）掌握一般建筑物定位放线；

6）掌握导线测量、竣工测量；

7）掌握沉降观测；

8）制定一般工程施工测量放线方案，并组织实施；

9）在作业中实施安全操作规定。

3. 高级测量放线工应符合下列规定

（1）理论知识

1）掌握识图及制图的基本知识，看懂并审核较复杂建筑物施工总平面图和有关测量放线施工图的关系和尺寸，地形图的识读和应用；

2）掌握一般建筑构造、建筑结构设计的基本知识，熟悉一般建筑工程测量放线要求，组织现场施工测量工作的进行；

3）掌握工程测量的基本理论知识，掌握不同坐标系间平面坐标转换计算、导线闭合差的计算与调整、直角坐标和极坐标的换算、角度交会法与距离交会法定位的计算；

4）掌握测量误差的基本理论知识，运用测量误差理论知识进行数据处理；

5）熟悉测量仪器，综合运用测量仪器及工程测量方法定位和校核；

6）了解小区域地形图测绘的方法和步骤；

7）掌握常规经纬仪、水准仪器检校原理和步骤；

8）了解进行大、中型场地建筑方格网和小区控制网的布置、计算的方法；

9）掌握竣工测量及建筑物变形观测知识；

10）掌握预防和处理质量和安全事故方法及措施。

（2）操作技能

1）掌握精密水准仪操作使用，进行三、四等水准测量及成果平差；

2）掌握大、中型场地建筑方格网和小区控制网测设，测绘大比例尺地形图；

3）掌握一般工程定位、校核方法，进行较复杂建筑物定位放线；

4）掌握水平位移、高程沉降等变形观测；

5）掌握常规经纬仪、水准仪检校；

6）制定较复杂工程施工测量放线方案，并组织实施；

7）进行工程测量一般性施工技术交底；

8）了解施工测量新技术、新设备的观测原理；

9）按安全、质量生产规程指导初、中级工作业。

4. 测量放线工技师应符合下列规定

（1）理论知识

1）掌握识图及制图的基本知识，能进行复杂建筑物施工图纸的审核和运用及复杂地形图的识读和应用。了解电脑绘图软件的使用及绘图仪等设备的使用；

2）掌握特殊建筑构造、建筑结构设计的知识，熟悉特殊建筑工程测量放线要求，协调现场测量工作的质量、安全、进度；

3）掌握工程测量的基本理论知识和施工管理知识；

4）掌握测量误差的来源分析、误差估算及降低误差的方法；

5）掌握各类测量仪器运用方法，综合运用测量仪器及工程测量方法定位和校核；

6）掌握地形测绘及工程地形图应用；

7）掌握常规测量仪器的一般维修方法；

8）掌握各类工程控制网的布设、施测及数据处理；

9）掌握竣工测量及建筑物变形观测知识；

10）了解工程测量的先进技术及发展趋势；

11）熟悉有关安全、质量法规及简单事故的处理程序。

（2）操作技能

1）掌握精密水准仪使用，高等级水准测量网布设及成果平差；

2）掌握各类平面控制网测设方法；

3）掌握各种工程定位、校核方法，进行复杂建筑物定位放线；

4）熟练运用各种变形观测方法；

5）掌握常规测量仪器的一般维修；

6）推广和应用施工测量新技术、新设备；

7）熟悉较复杂工程施工测量放线方案制定，并组织实施；

8）能够进行复杂工程测量施工技术交底；

9）能够根据生产环境，提出安全、质量生产建议，并处理简单事故。

5. 测量放线工高级技师应符合下列规定

（1）理论知识

1）掌握识图及制图的基本知识，能进行特殊建筑物施工图纸的审核和运用及复杂地形图的识读和应用，掌握电脑操作及 Auto CAD 的图形处理功能；

2）掌握特殊建筑构造、建筑结构设计的知识，熟悉建筑工程测量放线要求，全面协调、管理现场测量工作的质量、安全、进度；

3）掌握工程测量的理论知识和施工管理知识并能熟练运用；

4）掌握综合运用测量误差理论解决工程测量难题的方法；

5）掌握运用计算机辅助设计手段解决测量实施难题的方法；

6）掌握各类工程控制网的布设、施测及数据处理；

7）掌握常规测量仪器的一般维修方法；

8）掌握地形图测绘、市政工程测量、精密工程测量的测量方法及测量方案编制；

9）掌握竣工测量及建筑物变形观测知识；

10）掌握工程测量最新技术，了解测量仪器新产品和新功能；

11）掌握有关安全、质量事故预案编制方法，安全、质量事故的处理程序。

（2）操作技能

1）掌握精密、复杂水准测量网布设及成果平差；

2）掌握各类平面控制网测设方法及数据处理；

3）熟练运用各种工程定位、校核方法，进行较复杂建筑物定位放线；

4）制定各种变形观测、竣工测量方案；

5）掌握施工测量新技术、新设备的应用；

6）掌握特殊工程施工测量放线方案制定，并组织实施；

7）熟练进行特殊工程测量施工技术交底；

8）组织专业学习，向本职业等级工传授技艺，解决本职业操作上的疑难问题；

9）编制安全、质量事故处理预案，并熟练进行现场处置。

第二节 测量工作的基本内容

1. 测量工作的内容

测量工作可以分为外业与内业。在野外利用测量仪器和工具测定地面上两点的水平距离、角度、高差，称为测量的外业工作；在室内将外业的测量成果进行数据处理、计算和绘图，称为测量的内业工作。

点与点之间的相对位置可以根据水平距离、角度和高差来确定，而水平距离、角度和高差也正是常规测量仪器的观测量，这些量被称为测量的基本内容，又称测量工作三要素。

（1）距离

如图 1-1 所示，水平距离为位于同一水平面内两点之间的距离，如 AB、AD；倾斜距离为不位于同一水平面内两点之间的距离，如 AC'、AB'。

（2）角度

如图 1-1 所示，水平角 β 为水平面内两条直线间的夹角，如 $\angle BAC$；竖直角 α 为位于同一竖直面内水平线与倾斜线之间的夹角，如 $\angle BAB'$。

（3）高差

两点间的垂直距离构成高差，如图 1-1 中的 AA'、CC'。

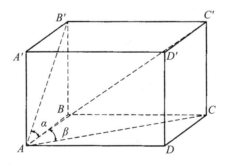

图 1-1　三个基本观测量

2. 建筑施工测量的主要任务和作用

1）测定是将局部地区的地貌和地面上的地物按一定的比例尺缩绘成地形

图，作为建筑工程规划设计的依据。

2）测设是将图纸上已设计好的各种建筑物、构筑物按设计的施工要求测设到相应的地面上，并设置工种标志，作为建筑施工的依据，这项工作也叫放线。

第三节 测量工作的程序与原则

地球表面的各种形态很复杂，可以分为地物和地貌两大类，地球表面的固定性物体称为地物，如房屋、公路、桥梁、河流等，地面上的高低起伏形态称为地貌，如山岭、谷地等。地物与地貌统称为地形。测量的任务就是要测定地形的位置并把它测绘在图纸上。

地物和地貌的形状和大小都是由一些特征点的位置所决定的。这些特征点又称为碎部点，测量时，主要就是测定这些碎部点的平面位置和高程，当进行测量工作时，不论用哪些方法，使用哪些测量仪器，测量成果都会有误差。为了防止测量误差的积累，提高测量精度，在测量工作中，必须遵循"先控制后碎部、从整体到局部，从高级到低级"的测量原则。

如图 1-2 所示，先在测区内选择若干个具有控制意义的点 A、B、C、D、E 等作为控制点，用全站仪和正确的测量方法测定其位置，作为碎部测量的依据。这些控制点所组成的图形称为控制网，进行这部分测量的工作称为控制测量。然后，再根据这些控制点测定碎部点的位置。例如在控制点 A 附近测定其周围的房子 1、2、3 各点，在控制点 B 附近测定房子 4、5、6 各点，用同样的方法可以测定其他碎部的各点，因此这个地区的地物的形状和大小情况就可以表示出来了。

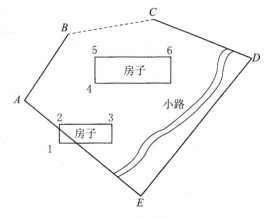

图 1-2 碎部测量

第四节 测量放线方案编制

测量放线工除掌握基础知识和有过硬的基本功外，还要深入了解全过程，具有全面、系统的放线知识，通过编制方案全面系统地协调好各阶段、各方面的工作。方案要经资料收集、踏勘、研究、分析后才能确定最佳的可行方案。

1. 编制依据

主要依据《工程测量规范》（附条文说明）（GB 50026—2007）、《水准仪检定规程》（JJG 425—2003）等相关规程、规范等。

2. 资料的收集

在施工项目落实后，测量放线工作的前期工作就要着手进行。收集的资料包括：

1）设计场地建筑总平面所依据的大比例尺地形图。在地形图上要明确征地界址线、平面坐标系统、高程系统及控制点点之记、平面坐标和高程点和红线桩（界址桩）坐标等有关资料。

2）设计总平面图，建筑物基础图，平、立、剖面图及施工说明。

收集资料的目的是对现场范围、地形、地质等情况以及建筑规模、建筑物的类型、层高、设计要求做全面系统的了解，作为制订方案的重要依据之一。

3. 施工现场实地调查

1）对收集到的控制点或红线桩以及水准点的点位完好情况要进行核对，

决定联测和利用方案。

2）带着大比例尺地形图，查看地形、地物、道路、水系等分布情况，全面踏勘后，在图上制定施工控制测量方案。

在研究施工控制方案时，要根据已有控制点的数量、等级及分布情况看哪种形式既满足施工项目的总体需要和精度要求，又经济合理、因地制宜适合现有仪器设备等情况。

3）控制测量形式的确定。

平面控制测量的形式有：三角网、导线网、建筑方格网或建筑基线。

① 三角网特点是测角工作量多，以角度推算边长而确定点位，适用于山地和丘陵地区。

② 导线网特点是量边工作量多，适用于平坦或建筑物较多的地区。

③ 建筑方格网适用于建筑物较多，轴线大多平行的大、中型施工场地。

④ 建筑基线一般用于小型项目。

无论采用哪种形式，场地范围确定等级必须能起全面控制作用并满足放线的精度要求。当两种形式都可采用时，则需从经济角度进行比较，使之合理。

第五节 计算器的使用知识

1. 进行运算

我们平时使用计算器时，往往进行简单计算，如 $8 \times 9 = 72$。如果复杂些，就一步步进行计算，如果计算（$4 + 5$）$\times 6$ 时，就需要先算 $4 + 5 = 9$，再算 $9 \times 6 = 54$。

2. 数学计算

计算器具有很强的数学计算功能，它可以计算角度的正弦值、余弦值、正切值等。假如我们要计算正弦值，我们输入角度或弦度的数值后，直接点"sin"按钮，结果就会输出。同时我们还可以很方便地进行平方、立方、对数、阶数、倒数等运算。

3. 函数型计算器的简单操作

下面以 K·L·T 快灵通 FG-3508L 函数型计算器（图 1-3）为例，介绍一下科学型函数计算器的简单操作。

图 1-3 K·L·T 快灵通 FG-3508L 函数型计算器

注：1. 本计算器为三行显示计算器，最上面一行显示计算式，中间一行显示计算结果，最下面一行显示状态指示符。

2. 普通计算、标准差计算和回归计算状态可以和角度单位设定一起使用。

3. 每进行一项计算前，务必检查计算器目前的计算状态及角度单位设定。

（1）输入限度

用以储存计算程序的记忆区可存储 100 "步"，当输入至第 100 步时，游标即会由"—"变为"■"表示记忆容量已用完，若仍需输入，则将计算分为两个部分或多个部分进行。

（2）输入时的错误改正

1）用 ← 和 → 键将游标移到你要改正的位置。

2）按 DEL 键消除目前游标所在位置的数字或函数。

3）按 SHIFT DEL(INS) 键，游标会变为"[]"，表示进入插入状态。在此插入状态下输入的字符将会被插入到游标目前的位置。

4）按 ←、→、SHIFT DEL(INS) 或 = 键，将游标从插入返回到普通状态。

（3）重现功能

1）按 ← 和 → 键即可显示画面中显示最后所作的计算，可更改所作的计算内容及重新执行计算。

2）按 AC 键不会清除重现储存器中的内容，因此即使按了键之后仍可将前面的最后的计算结果调出。

3）开始一项新的计算、改变计算状态或关闭电源时都会将重现存储器清除。

（4）错误指示器

在出现计算错误时，按按 ← 和 → 键游标即会停留在错误出现的位置上。

（5）指数显示形式

本计算器最多能显示 10 位数，大于 10 位数时显示屏幕即会自动以指数记法显示。

（6）存储功能

具有独立记忆和变量记忆的功能。

数据可直接输入记忆器，可与记忆器中的数值相加或相减，独立记忆器经常在计算累计综合时使用。

其他功能的操作方法可通过计算器说明书学得。

第六节 测量误差

1. 测量误差的来源

测量误差是不可避免的，其产生的原因主要有以下几个方面：

1）测量工作所使用的仪器，尽管经过了检验校正，但是还会存在残余误差，因此不可避免地会给观测值带来影响。

2）测量过程中，无论观测人员的操作如何认真仔细，但是由于人的感觉器官鉴别能力的限制，在进行仪器的安置、瞄准、读数等工作时都会产生一定的误差，同时观测者的技术水平、工作态度也会对观测结果产生不同的影响。

3）由于测量时外界自然条件，例如温度、湿度、风力等的变化，给观测值带来误差。

观测条件（即引起观测误差的主要因素），是指观测者、观测仪器和观测时的外界条件。观测条件相同的各次观测，称为同精度观测；观测条件不同的各次观测，称为不同精度观测。

2. 测量误差的分类

（1）系统误差

在观测条件相同的情况下，对某量进行一系列观测，若误差出现的符号和大小均相同或按一定的规律变化，称这种误差为系统误差。产生系统误差主要是由于测量仪器和工具的构造不完善或校正不准确。

系统误差具有积累性，这对测量结果会造成相应的影响，但是它们的符号和大小具有一定的规律。有的误差可以用计算的方法加以改正并消除，如尺长误差和温度对尺长的影响；有的误差可以使用一定的观测方法加以消除，如在水准测量中，用前后视距相等的方法消除水准仪视准轴不水平产生的 i 角误差，在经纬仪测角中，采取盘左、盘右观测值取中数的方法来消除视准差、支架差和竖盘指标差的影响；有的系统误差，如经纬仪照准部水准管轴不垂直于竖轴的误差对水平角的影响，那么只能使用对仪器进行精确校正，同时要在观测中采用仔细整平的方法将其影响减小到被允许的范围之内。

（2）偶然误差

偶然误差（又称随机误差），是指在相同的观测条件下，对某量进行了 n 次观测，则误差出现的大小和符号均不一定。如用经纬仪测角时的照准误差，钢尺量距时的读数误差等，都属于偶然误差。

偶然误差，就其个别值而言，在观测前我们确实不能预知其出现的大小。但是，如果在一定的观测条件下，对某量进行多次观测，误差列却呈现出一定的规律性，称为统计规律。并且，随着观测次数的增加，偶然误差的规律性表现得更加明显。

偶然误差主要包括以下特征：

1）在一定的观测条件下，偶然误差的绝对值不会超过一定的限值。

这是偶然误差的"有界性"。它说明偶然误差的绝对值有个限值，如果超过这个限值，说明观测条件不正常或有粗差存在。

2）绝对值小的误差比绝对值大的误差出现的机会多（或概率大）。

这反映了偶然误差的"密集性"，即越是靠近 0，误差分布越密集。

3）绝对值相等的正、负误差出现的机会相等。

这反映了偶然误差的对称性，即在各个区间内，正负误差个数相等或极为接近。

4）在相同条件下，同一量的等精度观测，其偶然误差的算术平均值，随着观测次数的无限增大而趋于零。

这反映了偶然误差的"抵偿性"，它可由第三特性导出，即在大量的偶然误差中，正负误差有相互抵消的特征。

因此，当 n 无限增大时，偶然误差的算术平均值应趋于零。

3. 测量误差的处理原则

在测量工作中，由于观测值中的偶然误差不可避免，有了多余观测，观测值之间必然产生误差（不符值或闭合差）。按照差值的大小，可以评定测量的精度，差值如果大到一定程度，就认为观测值中有错误（不属于偶然误差），称为误差超限，应予重测（返工）。差值若不超限，则按偶然误差的规律来处理，称为闭合差的调整，以求得最可靠的数值。这项工作称为"测量平差"。

除此之外，在测量工作中还可能发生错误，如读错读数、瞄错目标、记错数据等。错误是由于观测者本身疏忽造成的，通常称为粗差。粗差不属于误差范畴，测量工作中是不允许的，它会影响测量成果的可靠性，测量时必须遵守测量规范，认真操作，随时检查，并进行结果校核。

第二章
建筑构造和识图

第一节 房屋构造基本知识

1. 基础

基础是结构的重要组成部分，是在建筑物地面以下承受房屋全部荷载的构件，基础形式一般取决于上部承重结构的形式和地基等形式。地基是指支承建筑物重量和作用的土层或岩层，基坑是为基础施工而在地面开挖的土坑。埋入地下的墙称为基础墙，基础墙与垫层之间做成阶梯形的砌体，称为大放脚。防潮层是为防止地下水对墙体侵蚀的一层防潮材料。如图 2-1 所示。

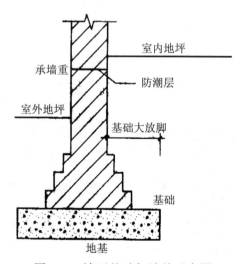

图 2-1 墙下基础与地基示意图

2. 楼梯

楼梯是建筑物中连接上、下楼层房间交通的主要构件，也是出现各种灾害时人流疏散的主要通道，其位置、数量及平面形式应符合相关规范和标准的规定，并应考虑楼梯对建筑整体空间效果的影响。

（1）楼梯组成

楼梯一般由楼梯段、楼梯平台、栏杆（板）扶手三部分组成，如图 2-2 所示。

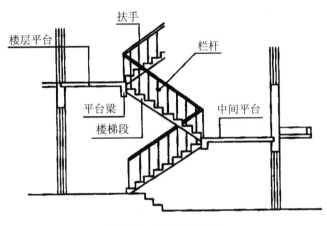

图 2-2　楼梯的组成

（2）楼梯类型

建筑中楼梯的形式多种多样，按照楼梯位置的不同分为室内楼梯和室外楼梯；按照楼梯使用性质的不同分为主要楼梯、辅助楼梯、安全楼梯和防火楼梯；按照楼梯材料的不同分为钢筋混凝土楼梯、钢楼梯、木楼梯及组合材料楼梯；按照楼梯间平面形式的不同分为开敞楼梯间、封闭楼梯间和防烟楼梯间；楼梯的形式主要是由楼梯段（又称楼梯跑）与平台的组合形式来区分的，主要有直上楼梯、曲尺楼梯、双折楼梯（又称转弯楼梯、双跑楼梯）、三折楼梯、螺旋形楼梯、弧形楼梯、有中柱的盘旋形楼梯、剪刀式和交叉式楼梯等。

3. 门窗

门和窗是建筑物中的围护构件。门在建筑中的作用主要是交通联系,并兼有采光、通风之用;窗的作用主要是采光和通风。门窗的形状、尺寸、排列组合以及材料,对建筑物的立面效果影响很大。门窗还要有一定的保温、隔声、防雨、防风沙等能力,在构造上,应满足开启灵活、关闭紧密、坚固耐久、便于擦洗、符合模数等方面的要求。

1)窗。窗根据开启方式的不同有:固定窗、平开窗、横式旋窗、立式转窗、推拉窗等。窗主要由窗框(又称窗樘)和窗扇组成。窗扇有玻璃窗扇、纱窗扇、百叶窗扇和板窗扇等。

2)门。门的开启形式主要由使用要求决定,通常有平开门、弹簧门、推拉门、折叠门、转门。较大空间活动的车间、车库和公共建筑的外门,还有上翻门、升降门、卷帘门等。

4. 楼板

楼板是用来分隔建筑空间的水平承重构件,其在竖向将建筑物分成许多个楼层,可将使用荷载连同其自重有效地传递给其他的竖向支撑构件,即墙或柱,再由墙或柱传递给基础,在砖混结构建筑中,楼板对墙体起着水平支撑作用,并且具有一定的隔声、防水、防火等功能。

5. 墙体和柱

(1)墙体类型

作为建筑的重要组成部分,墙体在建筑中分布广泛。如图2-3所示为某宿舍楼的水平剖切立体图,从图中可以看到很多面墙,由于这些墙所处位置不同及建筑结构布置方案的不同，其在建筑中起的作用也不同。

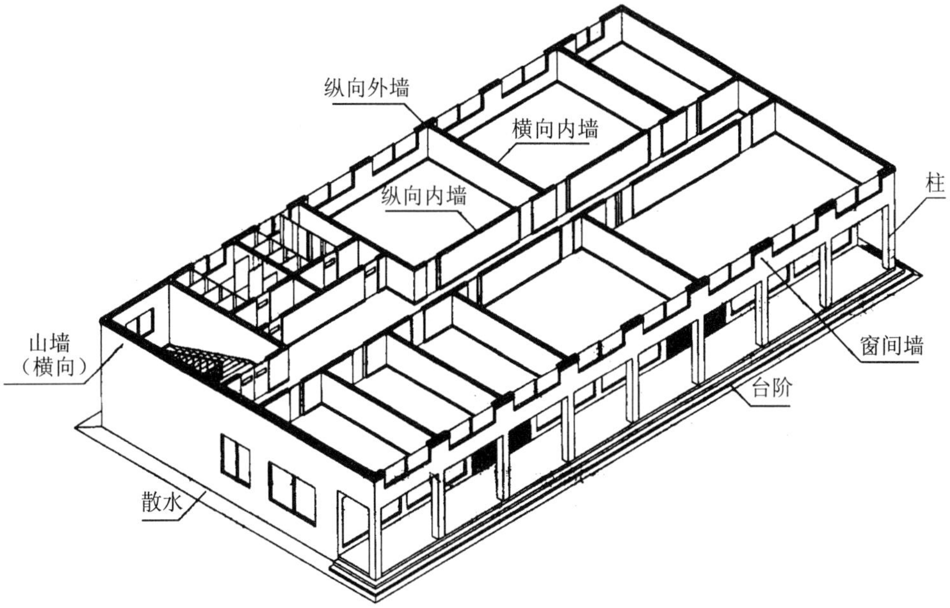

图 2-3　墙体的位置、作用和名称

1）按墙体的承重情况分类

按墙体的承重情况分为承重墙和非承重墙两类。凡是承担建筑上部构件传来荷载的墙称为承重墙；不承担建筑上部构件传来荷载的墙称为非承重墙。

非承重墙包括自承重墙、框架填充墙、幕墙和隔墙。其中，自承重墙不承受外来荷载，其下部墙体只负责上部墙体的自重；框架填充墙是指在框架结构中，填充在框架中间的墙；幕墙是指悬挂在建筑物结构外部的轻质外墙，如玻璃幕墙、铝塑板墙等；隔墙是指仅起分隔空间、自身重量由楼板或梁分层承担的墙。

2）按墙体在建筑中的位置、走向及与门窗洞口的关系分类

按墙体在建筑中的位置，可以分为外墙、内墙两类。沿建筑四周边缘布置的墙称为外墙；被外墙所包围的墙体称为内墙。按墙体的走向，可以分为纵墙和横墙。从图 2-4 中可以看出：沿建筑物长轴方向布置的墙为纵墙；沿建筑物短轴方向布置的墙为横墙；沿着建筑物横向布置的首尾两端的横墙为山墙；在同一道墙上门窗洞口之间的墙体为窗间墙；门窗洞口上下的墙体称为窗上或窗下墙。

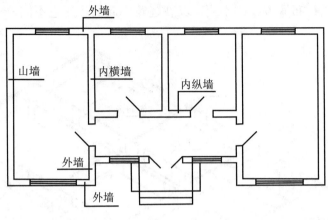

图 2-4　墙体的各部分名称

3）按砌墙材料分类

按砌墙材料的不同可以分为砖墙、砌块墙、石墙、混凝土墙、板材墙和幕墙等。

4）按墙体的施工方式和构造分类

按墙体的施工方式和构造，可以分为叠砌式、版筑式和装配式三种。其中，叠砌式是一种传统的砌墙方式，如实砌砖墙、空斗墙、砌块墙等；版筑式的砌墙材料往往是散状或塑性材料，依靠事先在墙体部位设置模板，然后在模板内夯实与浇筑材料而形成墙体，如夯土墙、滑模或大模板钢筋混凝土墙；装配式墙是由构件生产厂家事先制作墙体构件，在施工现场进行拼装，如大板墙、各种幕墙。

（2）柱的分类

柱是建筑物中垂直的主结构件，承托它上方物件的重量。

1）按截面形式分

按截面形式可以分为方柱、圆柱、矩形柱、工字形柱、H 形柱、T 形柱、L 形柱、十字形柱、双肢柱、格构柱。

2）按所用材料分

按所用材料可以分为石柱、砖柱、砌块柱、木柱、钢柱、钢筋混凝土柱、劲性钢筋混凝土柱、钢管混凝土柱和各种组合柱。

3）按长细比分

短柱在轴心荷载作用下的破坏是材料强度破坏。

6. 屋顶

屋顶是建筑物围护结构的一部分，是建筑立面的重要组成部分，除应满足自重轻、构造简单、施工方便等要求外，还必须具备坚固耐久、防水排水、保温隔热、抵御侵蚀等功能。

屋顶的类型与建筑物的屋面材料、屋顶结构类型以及建筑造型要求等因素有关。按照屋顶的排水坡度和构造形式，屋顶分为平屋顶、坡屋顶和曲面屋顶三种类型。

第二节 建筑施工图的基础知识

1. 建筑工程施工图的组成

建筑工程施工图是按照不同的专业分别进行绘制的，一套完整的建筑工程施工图应包括以下几部分内容。

（1）总图

通常包括建筑总平面布置图，运输与道路布置图，竖向设计图，室外管线综合布置图（包括给水、排水、电力、弱电、暖气、热水、煤气等管网），庭园和绿化布置图，以及各个部分的细部做法详图，还附有设计说明。

（2）建筑专业图

包括个体建筑的总平面位置图，各层平面图，各向立面图，屋面平面图，剖面图，外墙详图，楼梯详图，电梯地坑、井道、机房详图，门廊门头详图，厕所、盥洗室、卫生间详图，阳台详图，烟道、通风道详图，垃圾道详图及局部房间的平面详图、地面分格详图、吊顶详图等。此外，还有门窗表，工程材料做法表和设计说明。

（3）结构专业图

包括基础平面图，桩位平面图，基础剖面详图，各层顶板结构平面图与剖面节点图，各型号柱梁板的模板图，各型号柱梁板的配筋图，框架结构柱梁板结构详图，屋架檩条结构平面图，屋架详图，檩条详图，各种支撑详图，平屋顶挑檐平面图，楼梯结构图，阳台结构图，雨罩结构图，圈梁平面布置图与剖面节点图，构造柱配筋图，墙拉筋详图，各种预埋件详图，各种设备基础详图，以及预制构件数量表和设计说明等。有些工程在配筋图内附有钢筋表。

（4）设备专业图

包括各层上水、消防、下水、热水、空调等平面图，上水、消防、下水、热水、空调各系统的透视图或各种管道的立管详图，厕所、盥洗室、卫生间等局部房间平面详图或局部做法详图，主要设备或管件统计表和设计说明等。

（5）电气专业图

包括各层动力、照明、弱电平面图，动力、照明系统图，弱电系统图，防雷平面图，非标准的配电盘、配电箱、配电柜详图和设计说明等。

上述各专业施工图的内容，仅就常出现的图纸内容列举出来，并非各单项工程都得具备这些内容，还要根据建筑工程的性质和结构类型不同来决定。例如，平屋顶建筑就没有屋架檩条结构平面图。又如，除成片建设的多项工程外，仅单项工程就可能不单独作总图。

2. 图纸幅面、标题栏

（1）图纸幅面

1）图幅及图框尺寸应符合表 2-1 的规定及图 2-5、图 2-6 的形式。

图幅及图框尺寸（单位：mm）　　　　　　表 2-1

幅面代号 尺寸代号	A0	A1	A2	A3	A4
$b \times l$	841×1189	594×841	420×594	297×420	210×297
c	10				5
a	25				

注：表中 b 为幅面短边尺寸，l 为幅面长边尺寸，c 为图框线与幅面线间宽度，a 为图框线与装订边间宽度。

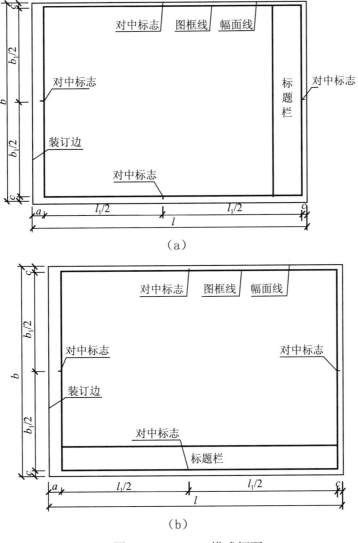

（a）

（b）

图 2-5　A0～A3 横式幅面

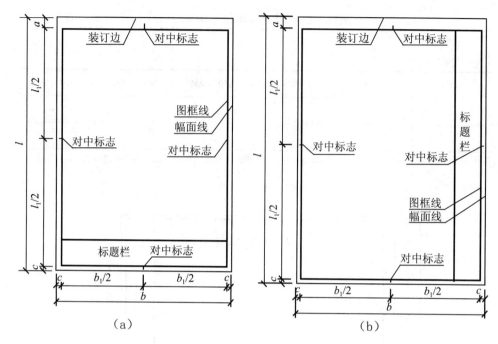

图 2-6 A0 ~ A4 立式幅面

2）需要微缩复制的图纸，其一个边上应附有一段准确米制尺度，四个边上均附有对中标志，米制尺度的总长应为 100mm，分格应为 10mm。对中标志应画在图纸内框各边长的中点处，线宽 0.35mm，并应伸入内框边，在框外为 5mm。对中标志的线段，于 l_1 和 b_1 范围取中。

3）一个工程设计中，每个专业所使用的图纸，不宜多于两种幅面，不含目录及表格所采用的 A4 幅面。

（2）标题栏

1）图纸中应有标题栏、图框线、幅面线、装订边线以及对中标志。其中，图纸的标题栏及装订边的位置，应符合以下规定：

① 横式使用的图纸应按图 2-5 的形式进行布置。

② 立式使用的图纸应按图 2-6 的形式进行布置。

2）标题栏应符合图 2-7 和图 2-8 的规定，根据工程的需要确定其尺寸、格式以及分区。同时，签字栏还应包括实名列和签名列，并且应符合下列规定：

① 涉外工程的标题栏内，各项主要内容的中文下方应附有译文。同时，

设计单位的上方或左方还应加“中华人民共和国”字样。

② 当在计算机制图文件中使用电子签名与认证时，应符合国家有关电子签名法的规定。

设计单位名称区
注册师签章区
项目经理签章区
修改记录区
工程名称区
图号区
签字区
会签栏
40~70

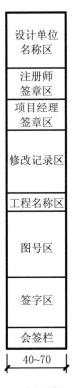

图 2-7　标题栏（一）

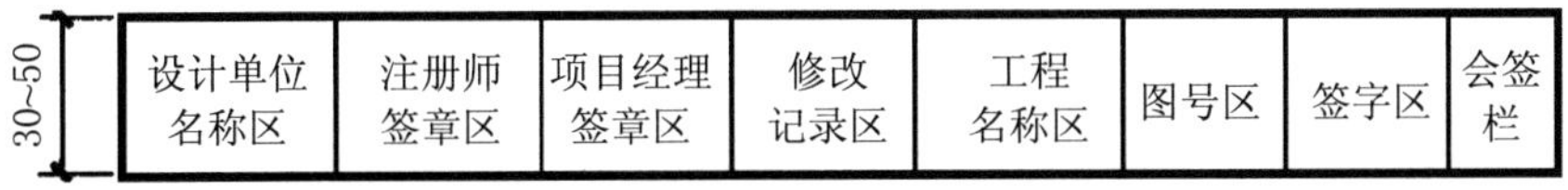

30~50
设计单位名称区
注册师签章区
项目经理签章区
修改记录区
工程名称区
图号区
签字区
会签栏

图 2-8　标题栏（二）

3. 图线

（1）图线

工程建设制图应选用的图线见表 2-2。

图线 表 2-2

名称		线型	线宽	用途
实线	粗	——	b	主要可见轮廓线
	中粗	——	$0.7b$	可见轮廓线
	中	——	$0.5b$	可见轮廓线、尺寸线、变更云线
	细	——	$0.25b$	图例填充线、家具线
虚线	粗	- - - -	b	见各有关专业制图标准
	中粗	- - - -	$0.7b$	不可见轮廓线
	中	- - - -	$0.5b$	不可见轮廓线、图例线
	细	- - - -	$0.25b$	图例填充线、家具线
单点长画线	粗	—·—·—	b	见各有关专业制图标准
	中	—·—·—	$0.5b$	见各有关专业制图标准
	细	—·—·—	$0.25b$	中心线、对称线、轴线等
双点长画线	粗	—··—··—	b	见各有关专业制图标准
	中	—··—··—	$0.5b$	见各有关专业制图标准
	细	—··—··—	$0.25b$	假想轮廓线、成型前原始轮廓线
折断线	细	—/—	$0.25b$	断开界线
波浪线	细	～～～	$0.25b$	断开界线

（2）线宽

1）图线的宽度 b，宜从 1.4、1.0、0.7、0.5、0.35、0.25、0.18、0.13mm 线宽系列中选取。图线宽度不应小于 0.1mm。每个图样，首先应根据复杂程度与比例大小，选定基本线宽 b，然后再选用相应的线宽组，见表 2-3。

线宽组（单位：mm） 表 2-3

线宽比	线宽组			
b	1.4	1.0	0.7	0.5
$0.7b$	1.0	0.7	0.5	0.35

续表

线宽比	线宽组			
0.5b	0.7	0.5	0.35	0.25
0.25b	0.35	0.25	0.18	0.13

注：1. 需要缩微的图纸，不宜采用 0.18mm 及更细的线宽。
2. 同一张图纸内，各不同线宽中的细线，可统一采用较细的线宽组的细线。

2）在同一张图纸内，相同比例的各图样，应选用相同的线宽组。

4. 字体

1）图样及说明中的汉字，宜采用长仿宋体或黑体，同一图纸字体种类不应超过两种。长仿宋体的高宽关系应符合表 2-4 的规定，黑体字的宽度与高度应相同。大标题、图册封面、地形图等的汉字，也可书写成其他字体，但应易于辨认。

长仿宋字高宽关系（单位：mm）　　　　　　　　表 2-4

字高	20	14	10	7	5	3.5
字宽	14	10	7	5	3.5	2.5

2）图样及说明中的拉丁字母、阿拉伯数字与罗马数字，宜采用单线简体或 ROMAN 字体。拉丁字母、阿拉伯数字与罗马数字的书写规则，应符合表 2-5 的规定。

拉丁字母、阿拉伯数字与罗马数字的书写规则　　　　表 2-5

书写格式	字体	窄字体
大写字母高度	h	h
小写字母高度（上下均无延伸）	$7/10h$	$10/14h$
小写字母伸出的头部或尾部	$3/10h$	$4/14h$
笔画宽度	$1/10h$	$1/14h$

续表

书写格式	字体	窄字体
字母间距	$2/10h$	$2/14h$
上下行基准线的最小间距	$15/10h$	$21/14h$
词间距	$6/10h$	$6/14h$

3）长仿宋汉字、拉丁字母、阿拉伯数字与罗马数字示例应符合现行国家标准《技术制图 字体》（GB/T 14691—1993）的有关规定。

5. 比例

工程制图中，为了满足各种图样表达的需要，有些需要缩小绘制在图纸上，有些又需要放大绘制在图纸上，因此，必须对缩小和放大的比例作出规定。

图样的比例，应为图形与实物相对应的线性尺寸之比。比例宜注写在图名的右侧，字的基准线应取平，且比例的字高宜比图名的字高小一号或二号，如图 2-9 所示。

平面图 1：100   ⑥ 1：20

图 2-9　比例的注写

6. 尺寸标注

（1）尺寸界线、尺寸线及尺寸起止符号

1）图样上的尺寸，应包括尺寸界线、尺寸线、尺寸起止符号和尺寸数字（图 2-10）。

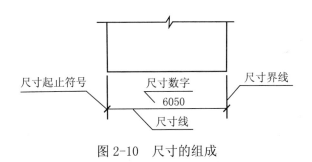

图 2-10　尺寸的组成

2）尺寸界线应用细实线绘制，应与被注长度垂直，其一端应离开图样轮廓线不应小于 2mm，另一端宜超出尺寸线 2～3mm。图样轮廓线可用作尺寸界线（图 2-11）。

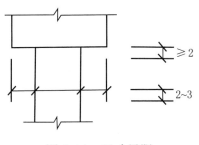

图 2-11　尺寸界限

3）尺寸线应用细实线绘制，应与被注长度平行。图样本身的任何图线均不得用作尺寸线。

4）尺寸起止符号用中粗斜短线绘制，其倾斜方向应与尺寸界线成顺时针 45°角，长度宜为 2～3mm。半径、直径、角度与弧长的尺寸起止符号，宜用箭头表示（图 2-12）。

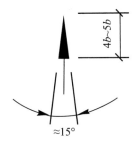

图 2-12　箭头尺寸起止符号

（2）尺寸数字

1）图样上的尺寸，应以尺寸数字为准，不得从图上直接量取。

2）图样上的尺寸单位，除标高及总平面以米为单位外，其他必须以毫米为单位。

3）尺寸数字的方向，应按图 2-13（a）的规定注写。若尺寸数字在 30°斜线区内，也可按图 2-13（b）的形式注写。

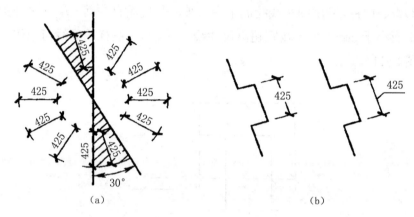

图 2-13　尺寸数字的注写方向

4）尺寸数字应依据其方向注写在靠近尺寸线的上方中部。如没有足够的注写位置，最外边的尺寸数字可注写在尺寸界线的外侧，中间相邻的尺寸数字可上下错开注写，引出线端部用圆点表示标注尺寸的位置（图 2-14）。

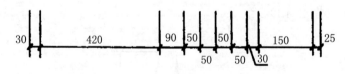

图 2-14　尺寸数字的注写位置

（3）尺寸的排列与布置

1）尺寸宜标注在图样轮廓以外，不宜与图线、文字及符号等相交（图 2-15）。

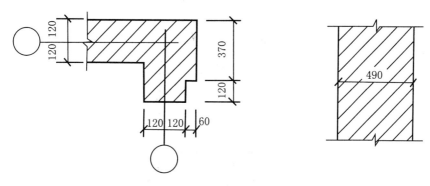

图 2-15　尺寸数字的注写

2）互相平行的尺寸线，应从被注写的图样轮廓线由近向远整齐排列，较小尺寸应离轮廓线较近，较大尺寸应离轮廓线较远（图 2-16）。

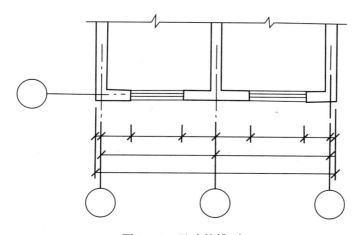

图 2-16　尺寸的排列

3）图样轮廓线以外的尺寸界线，距图样最外轮廓之间的距离，不宜小于 10mm。平行排列的尺寸线的间距宜为 7 ～ 10mm，并应保持一致（图 2-16）。

4）总尺寸的尺寸界线应靠近所指部位，中间的分尺寸的尺寸界线可稍短，但其长度应相等（图 2-16）。

（4）半径、直径、球的尺寸标注

1）半径的尺寸线应一端从圆心开始，另一端画箭头指向圆弧。半径数字前应加注半径符号"*R*"（图 2-17）。

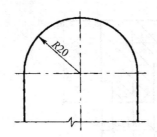

图 2-17　半径标注方法

2）较小圆弧的半径，可按图 2-18 的形式标注。

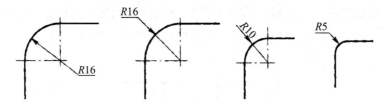

图 2-18　小圆弧半径的标注方法

3）较大圆弧的半径，可按图 2-19 的形式标注。

图 2-19　大圆弧半径的标注方法

4）标注圆的直径尺寸时，直径数字前应加直径符号"ϕ"。在圆内标注的尺寸线应通过圆心，两端画箭头指至圆弧（图 2-20）。

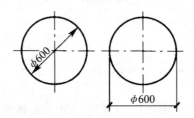

图 2-20　圆直径的标注方法

5）较小圆的直径尺寸，可标注在圆外（图2-21）。

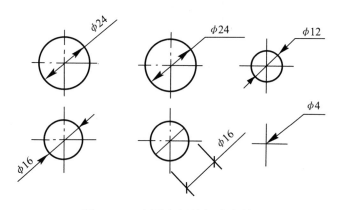

图 2-21　小圆直径的标注方法

6）标注球的半径尺寸时，应在尺寸前加注符号"*SR*"。标注球的直径尺寸时，应在尺寸数字前加注符号"*Sφ*"。注写方法与圆弧半径和圆直径的尺寸标注方法相同。

（5）角度、弧度、弧长的标注

1）角度的尺寸线应以圆弧表示。该圆弧的圆心应是该角的顶点，角的两条边为尺寸界线。起止符号应以箭头表示，如没有足够位置画箭头，可用圆点代替，角度数字应沿尺寸线方向注写（图2-22）。

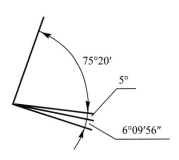

图 2-22　角度标注方法

2）标注圆弧的弧长时，尺寸线应以与该圆弧同心的圆弧线表示，尺寸界线应指向圆心，起止符号用箭头表示，弧长数字上方应加注圆弧符号"⌒"（图2-23）。

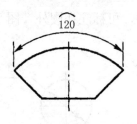

图 2-23 弧长标注方法

3）标注圆弧的弦长时，尺寸线应以平行于该弦的直线表示，尺寸界线应垂直于该弦，起止符号用中粗斜短线表示（图 2-24）。

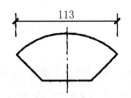

图 2-24 弦长标注方法

（6）薄板厚度、正方形、坡度、非圆曲线等尺寸标注

1）在薄板板面标注板厚尺寸时，应在厚度数字前加厚度符号"t"（图 2-25）。

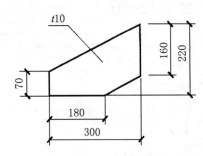

图 2-25 薄板厚度标注方法

2）标注正方形的尺寸，可用"边长×边长"的形式，也可在边长数字前加正方形符号"□"（图2-26）。

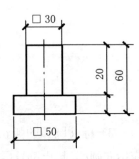

图 2-26 标注正方形尺寸

3）标注坡度时，应加注坡度符号"——"［图 2-27（a）、（b）］，该符号为单面箭头，箭头应指向下坡方向。坡度也可用直角三角形形式标注［图2-27（c）］。

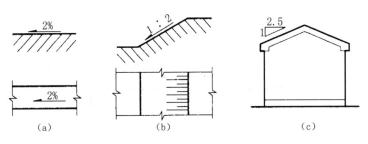

图 2-27　坡度标注方法

4）外形为非圆曲线的构件，可用坐标形式标注尺寸（图 2-28）。

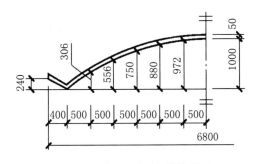

图 2-28　坐标法标注曲线尺寸

5）复杂的图形，可用网格形式标注尺寸（图 2-29）。

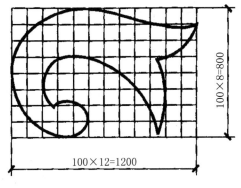

图 2-29　网格法标注曲线尺寸

(⁊) 尺寸的简化标注

1）杆件或管线的长度，在单线图（桁架简图、钢筋简图、管线简图）上，可直接将尺寸数字沿杆件或管线的一侧注写（图 2-30）。

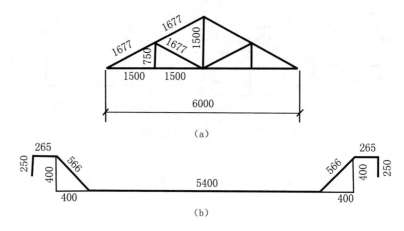

图 2-30 单线图尺寸标注方法

2）连续排列的等长尺寸，可用"等长尺寸 × 个数＝总长"（图 2-31a）或"等分 × 个数＝总长"（图 2-31b）的形式标注。

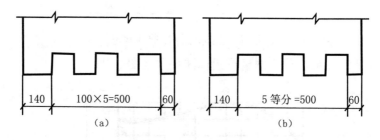

图 2-31 等长尺寸简化标注方法

3）构配件内的构造因素（如孔、槽等）如相同，可仅标注其中一个要素的尺寸（图 2-32）。

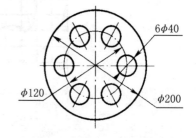

图 2-32 相同要素尺寸标注方法

4）对称构配件采用对称省略画法时，该对称构配件的尺寸线应略超过对称符号，仅在尺寸线的一端画尺寸起止符号，尺寸数字应按整体全尺寸注写，其注写位置宜与对称符号对齐（图 2-33）。

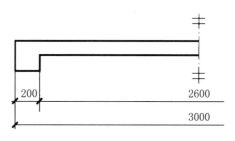

图 2-33 对称构件尺寸标注方法

5）两个构配件，如个别尺寸数字不同，可在同一图样中将其中一个构配件的不同尺寸数字注写在括号内，该构配件的名称也应注写在相应的括号内（图 2-34）。

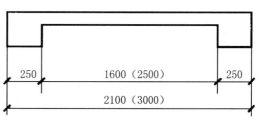

图 2-34 相似构件尺寸标注方法

6）数个构配件，如仅某些尺寸不同，这些有变化的尺寸数字，可用拉丁字母注写在同一图样中，另列表格写明其具体尺寸（图 2-35）。

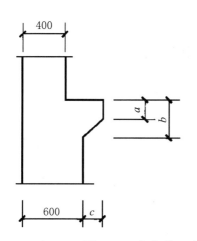

构件编号	a	b	c
Z-1	200	200	200
Z-2	250	450	200
Z-3	200	450	250

图 2-35 相似构配件尺寸表格式标注方法

（8）标高

1）标高符号应以直角等腰三角形表示，按图 2-36（a）所示形式用细实线绘制，当标注位置不够，也可按图 2-36（b）所示形式绘制。标高符号的具体画法应符合图 2-36（c）、（d）的规定。

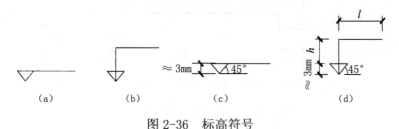

图 2-36　标高符号

l—取适当长度注写标高数字；h—根据需要取适当高度

2）总平面图室外地坪标高符号，宜用涂黑的三角形表示，具体画法应符合图 2-37 的规定。

图 2-37　总平面图室外地坪标高符号

3）标高符号的尖端应指至被注高度的位置。尖端宜向下，也可向上。标高数字应注写在标高符号的上侧或下侧，如图 2-38 所示。

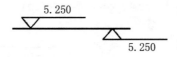

图 2-38　标高的指向

4）标高数字应以米为单位，注写到小数点以后第三位。在总平面图中，可注写到小数点以后第二位。

5）零点标高应注写成 ±0.000，正数标高不注"+"，负数标高应注"-"，例如 3.000、-0.600。

6）在图样的同一位置需表示几个不同标高时，标高数字可按图 2-39 的形式注写。

$$9.600$$
$$6.400$$
$$3.200$$

图 2-39 同一位置注写多个标高数字

7. 指北针与风玫瑰图

指北针一般用细实线绘制，其形状如图 2-40 所示。

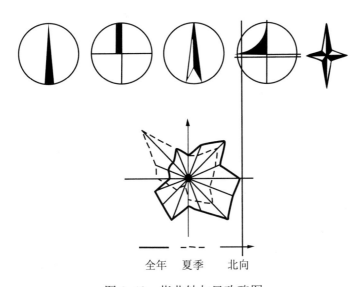

全年 夏季 北向

图 2-40 指北针与风玫瑰图

风玫瑰图是指根据某一地区气象台观测的风气象资料绘制出的图形，分为风向玫瑰图和风速玫瑰图两种，通常多采用风向玫瑰图。

风向玫瑰图表示风向和风向的频率。风向频率是在一定时间内各种风向出现的次数占所有观察次数的百分比。根据各方向风的出现频率，以相应的比例长度，按风向中心吹，描在用 8 或 16 个方向所表示的图上，然后将各相邻方向的端点用直线连接起来，绘成一个形式宛如玫瑰的闭合折线，就是风玫瑰图。图中线段最长者即为当地主导风向，粗实线表示全年风频情况，虚线表示夏季风频情况。

8. 符号

（1）剖切符号

1）剖视的剖切符号应由剖切位置线及剖视方向线组成，均应以粗实线绘制。剖视的剖切符号应符合下列规定：

① 剖切位置线的长度宜为 6 ～ 10mm；剖视方向线应垂直于剖切位置线，长度应短于剖切位置线，宜为 4 ～ 6mm（图 2-41），也可采用国际统一和常用的剖视方法，如图 2-42 所示。绘制时，剖视剖切符号不应与其他图线相接触。

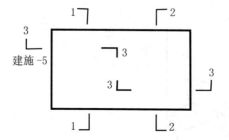
图 2-41　剖视的剖切符号（一）

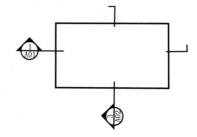
图 2-42　剖视的剖切符号（二）

② 剖视剖切符号的编号宜采用粗阿拉伯数字，按剖切顺序由左至右、由下向上连续编排，并应注写在剖视方向线的端部。

③ 需要转折的剖切位置线，应在转角的外侧加注与该符号相同的编号。

④ 建（构）筑物剖面图的剖切符号应注在 ±0.000 标高的平面图或首层平面图上。

⑤ 局部剖面图（不含首层）的剖切符号应注在包含剖切部位的最下面一层的平面图上。

2）断面的剖切符号应符合下列规定：

① 断面的剖切符号应只用剖切位置线表示，并应以粗实线绘制，长度宜为 6 ～ 10mm。

② 断面剖切符号的编号宜采用阿拉伯数字，按顺序连续编排，并应注写在剖切位置线的一侧；编号所在的一侧应为该断面的剖视方向（图 2-43）。

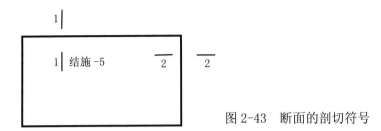

图 2-43　断面的剖切符号

3）剖面图或断面图，当与被剖切图样不在同一张图内，应在剖切位置线的另一侧注明其所在图纸的编号，也可以在图上集中说明。

（2）索引符号与详图符号

1）图样中的某一局部或构件，如需另见详图，应以索引符号索引，如图 2-44（a）所示。索引符号是由直径为 8 ～ 10mm 的圆和水平直径组成，圆及水平直径应以细实线绘制。索引符号应按下列规定编写：

① 索引出的详图，如与被索引的详图同在一张图纸内，应在索引符号的上半圆中用阿拉伯数字注明该详图的编号，并在下半圆中间画一段水平细实线，如图 2-44（b）所示。

② 索引出的详图，如与被索引的详图不在同一张图纸内，应在索引符号的上半圆中用阿拉伯数字注明该详图的编号，在索引符号的下半圆用阿拉伯数字注明该详图所在图纸的编号，如图 2-44（c）所示。数字较多时，可加文字标注。

③ 索引出的详图，如采用标准图，应在索引符号水平直径的延长线上加注该标准图集的编号，如图 2-44（d）所示。需要标注比例时，文字在索引符合右侧或延长线下方，与符号下对齐。

图 2-44　索引符号

2）索引符号当用于索引剖视详图，应在被剖切的部位绘制剖切位置线，并以引出线引出索引符号，引出线所在的一侧应为剖视方向，索引符号的编号同上，如图 2-45 所示。

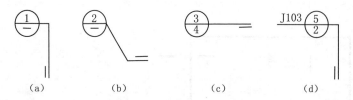

图 2-45　用于索引剖面详图的索引符号

3）零件、钢筋、杆件、设备等的编号宜以直径为 5～6mm 的细实线圆表示，同一图样应保持一致，其编号应用阿拉伯数字按顺序编写，如图 2-46 所示。消火栓、配电箱、管井等的索引符号，直径宜为 4～6mm。

4）详图的位置和编号应以详图符号表示。详图符号的圆应以直径为 14mm 的粗实线绘制。详图编号应符合下列规定：

图 2-46　零件、钢筋等的编号

① 详图与被索引的图样同在一张图纸内时，应在详图符号内用阿拉伯数字注明该详图的编号。

② 详图与被索引的图样不在同一张图纸内时，应用细实线在详图符号内画一水平直径，在上半圆中注明详图编号，在下半圆中注明被索引的图纸的编号，如图 2-47 所示。

图 2-47　与被索引图样不在同一张图纸内的详图符号

（3）引出线

1）引出线应以细实线绘制，宜采用水平方向的直线、与水平方向成 30°、45°、60°、90° 的直线，或经上述角度再折为水平线。文字说明宜注写在水平线的上方，如图 2-48（a）所示，也可注写在水平线的端部，如图 2-48（b）所示。索引详图的引出线，应与水平直径线相连接，如图 2-48（c）所示。

图 2-48　引出线

2）同时引出的几个相同部分的引出线，宜互相平行，如图 2-45（a）所示，也可画成集中于一点的放射线，如图 2-49（b）所示。

图 2-49　共用引出线

3）多层构造或多层管道共用引出线，应通过被引出的各层，并用圆点示意对应各层次。文字说明宜注写在水平线的上方，或者注写在水平线的端部，说明的顺序应由上至下，并应与被说明的层次对应一致；如层次为横向排序，则由上至下的说明顺序应与由左至右的层次对应一致，如图 2-50 所示。

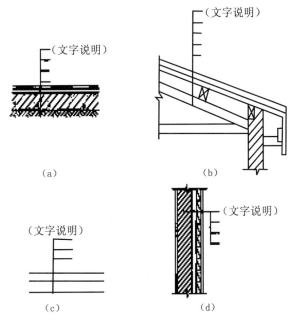

图 2-50　多层共用引出线

g. 定位轴线及编号

1）定位轴线应用细单点长画线绘制。

2）定位轴线应编号，编号应注写在轴线端部的圆内。圆应用细实线绘制，直径为8～10mm。定位轴线圆的圆心应在定位轴线的延长线上或延长线的折线上。

3）除较复杂需采用分区编号或圆形、折线形外，平面图上定位轴线的编号，宜标注在图样的下方或左侧。横向编号应用阿拉伯数字，从左至右顺序编写；竖向编号应用大写拉丁字母，从下至上顺序编写，如图2-51所示。

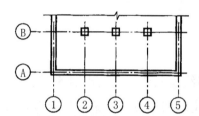

图2-51 定位轴线的编号顺序

4）拉丁字母作为轴线号时，应全部采用大写字母，不应用同一个字母的大小写来区分轴线号。拉丁字母的 I、O、Z 不得用做轴线编号。当字母数量不够使用，可增用双字母或单字母加数字注脚。

5）组合较复杂的平面图中定位轴线也可采用分区编号（图2-52）。编号的注写形式应为"分区号—该分区编号"。"分区号—该分区编号"采用阿拉伯数字或大写拉丁字母表示。

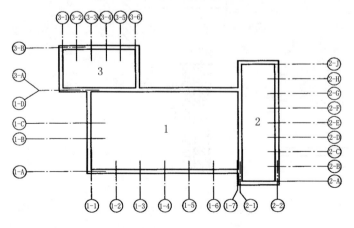

图2-52 定位轴线
的分区编号

6）附加定位轴线的编号，应以分数形式表示，并应符合下列规定：

① 两根轴线的附加轴线，应以分母表示前一轴线的编号，分子表示附加轴线的编号。编号宜用阿拉伯数字顺序编写；

② 1 号轴线或 A 号轴线之前的附加轴线的分母应以 01 或 0A 表示。

7）一个详图适用于几根轴线时，应同时注明各有关轴线的编号，如图 2-53 所示。

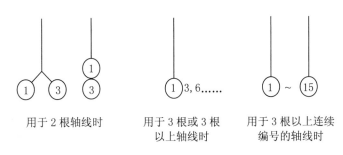

用于 2 根轴线时   用于 3 根或 3 根   用于 3 根以上连续
               以上轴线时   编号的轴线时

图 2-53　详图的轴线编号

8）通用详图中的定位轴线，应只画圆，不注写轴线编号。

9）圆形与弧形平面图中的定位轴线，其径向轴线应以角度进行定位，其编号宜用阿拉伯数字表示，从左下角或 -90°（若径向轴线很密，角度间隔很小）开始，按逆时针顺序编写；其环向轴线宜用大写阿拉伯字母表示，从外向内顺序编写（图 2-54 和图 2-55）。

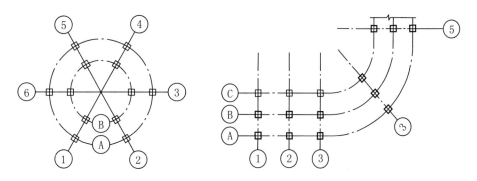

图 2-54　圆形平面定位轴线的编号　　图 2-55　弧形平面定位轴线的编号

10）折线形平面图中定位轴线的编号可按图 2-56 的形式编写。

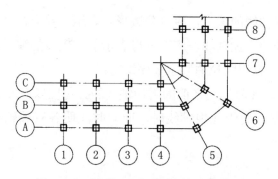

图 2-56　折线形平面定位轴线的编号

第三节 三面投影的规律

1. 三面投影的位置关系

以正面投影为基准，水平投影位于其正下方，侧面投影位于正右方，如图 2-57 所示。

2. 三面投影的"三等"关系

我们把 OX 轴向尺寸称为"长"，OY 轴向尺寸称为"宽"，OZ 轴向尺寸称为"高"。从图 2-57 所示中可以看出，水平投影反映形体的长与宽，正面投影反映形体的长与高，侧面投影反映形体的宽与高。因为三个投影表示的是同一形体，所以无论是整个形体，还是形体的某一部分，它们之间必然保持下列联系，即"三等"关系：水平投影与正面投影等长并且要对正，即"长对正"；正面投影与侧面投影等高并且要平齐，即"高平齐"；水平投影与侧面投影等宽，即"宽相等"。

3. 三面投影与形体的方位关系

　　形体对投影面的相对位置一经确定后，形体的前后、左右、上下的方位关系就反映在三面投影图上。由图 2-57 所示中可以看出，水平投影反映形体的前后和左右的方位关系；正面投影反映形体的左右和上下的方位关系；侧面投影反映形体的前后和上下的方位关系。

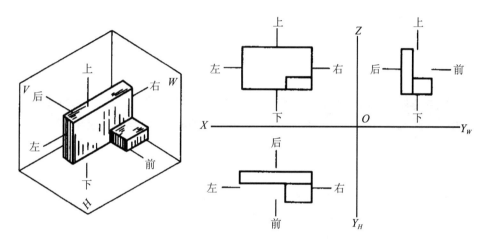

图 2-57　投影方位在三面投影上的反映

第三章 小区域测量

第一节 导线测量的概述

　　导线测量是建立小区域平面控制网的常用方法之一。在测区范围内选择若干个控制点，依相邻次序连接各控制点而形成的连续折线，称为导线；构成导线的控制点，称为导线点。测量导线边长及相邻导线边之间的水平夹角（转折角），再根据起算边方位角和起点坐标推算各导线点平面坐标的工作称为导线测量。其中，用经纬仪观测转折角，用钢尺丈量导线边长的导线测量，称为经纬仪导线测量；若用电磁波测距仪测定导线边长，则称为经纬仪电磁波测距导线；当用普通视距测量的方法测定导线边长时，则称为经纬仪视距导线。

　　导线测量布设较灵活，精度均匀，边长便于测定，容易克服地形障碍，只要求两相邻导线点间通视即可，故可降低觇标高度，造标费用少且便于组织观测。导线测量适宜布设在建筑物密集、视野不甚开阔的地区，也适于用做狭长地带的控制测量。但是，导线结构简单，没有三角网那样多的检核条件，不易发现粗差，可靠性不高。随着电磁波测距仪和全站仪的普及，测距更加方便，测量精度和自动化程度均得到很大提高，从而使导线测量的应用日益广泛，已成为中、小城市等地区建立平面控制网的主要方法。其等级与主要技术要求见表3-1。

导线的等级与主要技术要求　　　　　　表 3-1

测距方式	导线等级	导线长度（m）	平均边长（m）	边长测量相对误差或中误差（mm）	测角中误差(″)	D_{J6}测回数	方位角闭合差(″)	导线全长相对闭合差
钢尺量距	一级	2500	250	≤ 1/20000	≤ 5	4	$\pm 10''\sqrt{n}$	≤ 1/10000
	二级	1800	180	≤ 1/15000	≤ 8	3	$\pm 16''\sqrt{n}$	≤ 1/7000
	三级	1200	120	≤ 1/10000	≤ 12	2	$\pm 24''\sqrt{n}$	≤ 1/5000
	图根	$1 \times 1M$	≤ 1.5 倍测图最大视距	≤ 1/30000	≤ 20	1	$\pm 40''\sqrt{n}$	≤ 1/2000
电磁波测距	一级	3600	300	不超过 ±15	≤ 5	4	$\pm 10''\sqrt{n}$	≤ 1/14000
	二级	2400	200	不超过 ±15	≤ 8	3	$\pm 16''\sqrt{n}$	≤ 1/10000
	三级	1500	120	不超过 ±15	≤ 12	2	$\pm 24''\sqrt{n}$	≤ 1/6000
	图根	$1.5 \times 1M$		不超过 ±15	≤ 20	1	$\pm 40''\sqrt{n}$	≤ 1/4000

注：1. n 为测站数；
　　2. M 为测图比例尺分母。

根据测区自然地形条件、已知点的分布情况以及测量工作的实际需要，通常可将导线布设成以下三种形式。

1. 闭合导线

由某一已知高级控制点出发，经过若干点的连续折线后仍回至起点，形成一个闭合多边形的导线，称为闭合导线。如图 3-1 所示，从控制点 P_1 出发，经导线点 P_2、P_3、P_4、P_5、P_6、P_7，再回到 P_1 点形成一个闭合多边形。闭合导线布点时应尽量与高级控制点相连接，如图 3-1 中 P_1、A 两个点为已知点，这样根据它们求算出的坐标便纳入到国家统一的坐标系统内，其本身存在着严密的几何条件，具有检核作用。如果确实无法与高级控制网连接，也可采用假定的独立坐标系统。闭合导线一般适合在面积较宽阔的独立块状地区布设。

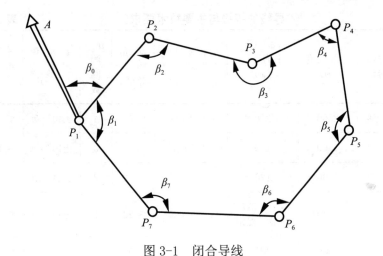

图 3-1 闭合导线

2. 附合导线

自某一已知高级控制点出发，经过若干点的连续折线后，附合到另一个已知高级控制点上的导线，称为附合导线。如图 3-2 所示，从一个已知控制点 P_1 出发，经导线点 P_2、P_3、P_4 点后，附合到了另一个已知控制点 P_5 上。导线的这种布设形式，具有检核观测成果的作用，适用于带状测区布设，如道路、管道、渠道等的勘测工作。

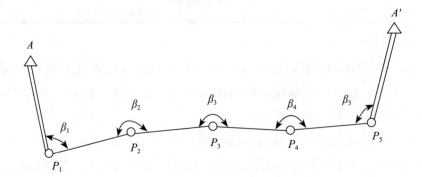

图 3-2 附合导线

3. 支导线

从一个已知控制点出发，经过若干转折后，既不附合到另一已知控制点也不闭合到原起点的单一导线，称为支导线。如图 3-3 所示，从已知控制点 P_1 出发，经过 P_2，终止于未知点 P_3。由于支导线缺乏校核条件，不易发现测算中的错误，所以当导线点的数目不能满足测图需要时，一般只允许布设 $2 \sim 3$ 个点组成支导线，仅适用于局部图根控制点的加密。

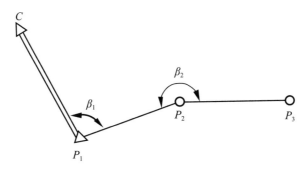

图 3-3 支导线

第二节 导线测量的外业工作

1. 踏勘选点及建立标志

在踏勘选点前，应调查收集测区已有的地形图和高一级控制点的成果资料，然后到现场踏勘，了解测区现状和寻找已知点。根据已知控制点的分布、测区地形条件和测图及工程要求等具体情况，在测区原有地形图上拟定导线的布设方案，最后到实地去踏勘、校对、修改、落实点位和建立标志。

选点时应注意以下几点：

1）邻点之间通视良好，便于测角和量距。

2）点位应选在土质坚实，便于安置仪器和保存标志的地方。

3）视野开阔，便于施测碎部。

4）导线各边的长度应大致相等，除特殊情况外，应不大于350m，也不宜小于50m，平均边长见表3-2。

边角网的主要技术指标　　　　　　　　　　　　表3-2

等级	平均边长（km）	测距中误差（km）	测距相对中误差
二等	9	≤±30	≤1/30万
三等	5	≤±30	≤1/16万
四等	2	≤±16	≤1/12万
一级	1	≤±16	≤1/6万
二级	0.5	≤±16	≤1/3万

5）导线点应有足够的密度，分布较均匀，便于控制整个测区。导线点选定后，应在点位上埋设标志。一般常在点位上打一大木桩，在桩的周围浇上混凝土，桩顶钉一小钉（图3-4）；也可在水泥地面上用红漆画一圈，圈内打一水泥钉或点一小点，作为临时性标志。若导线点需要保存较长时间，应埋设混凝土桩，桩顶嵌入带"十"字的金属标志，作为永久性标志（图3-5）。导线点应按顺序统一编号。为了便于寻找，应量出导线点与附近固定而明显的地物点的距离，绘制一草图，注明尺寸（图3-6），称为"点之记"。

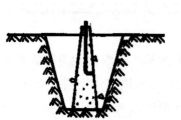　　　　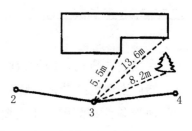

图3-4　临时性导线点　　　图3-5　永久性导线点　　　图3-6　点之记

---

2. 量边

导线量边一般用钢尺或高精卷尺直接丈量，如有条件，最好用光电测距仪直接测量。

钢尺量距时，应用检定过的 30m 或 50m 钢尺。对于一、二、三级导线，应按钢尺量距的精密方法进行丈量。对于图根导线，用一般方法往返丈量或同一方向丈量两次，取其平均值。丈量结果要满足相关要求。

---

3. 测角

测角方法主要采用测回法，各个角的观测次数与导线等级、使用的仪器有关。对于图根导线，通常用 DJ_6 级光学经纬仪观测一个测回。若盘左、盘右测得的角值的较差不超过 40″，取其平均值。

导线测量可测左角（位于导线前进方向左侧的角）或右角，在闭合导线中必须测量内角，如图 3-7 所示，图（a）应观测右角，图（b）应观测左角。

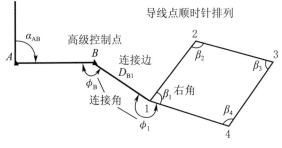
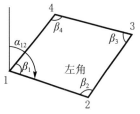

（a）闭合导线与高级控制点连接　　　　（b）独立闭合导线

图 3-7　闭合导线

---

4. 连测

若测区中有导线边与高级控制点连接时，应观测连接角。如图3-7（a）所示，必须观测连接角 ϕ_B、ϕ_1 及连接边 D_{B1}，作为传递坐标方位角和坐标之用。如果附近没有高级控制点，应用罗盘仪施测导线起始边的磁方位角或用建筑物南北轴线作为定向的标准方向，并假定起始点的坐标作为起算数据。

第三节 导线测量的内业计算

导线测量的内业工作，就是根据已知的起算数据和外业观测成果，经过计算求得各导线点的平面直角坐标 (x, y)，作为地形测量的基础。导线计算之前，应先全面检查外业测量记录是否齐全、有无记错或算错、成果是否符合精度要求、起算数据是否准确等。当确认外业数据信息无误后，绘制导线略图，将各导线点的编号、转折角的角值、导线边的边长、起始边与高级控制网的连接角、连接边或起始边的方位角等数据标于导线略图上，如图3-8所示。

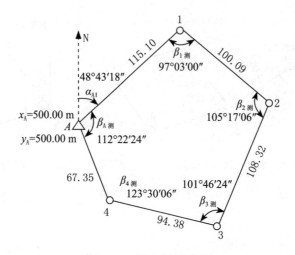

图3-8 闭合导线略图

第四节 极坐标法

1. 极坐标法测量

在图 3-9 中，在已知点 A 上测出水平角 α 和水平距离 D_{AP}，在 B 点上测出水平角 β 和水平距离 D_{BP}，则有：

$$\alpha_{AP} = \alpha_{AB} - \alpha$$
$$\alpha_{BP} = \alpha_{BA} + \beta$$

由 A 点计算 P 点坐标：

$$\left.\begin{aligned}x_P = x_A + D_{AP}\cos\alpha_{AP} \\ y_P = y_A + D_{AP}\sin\alpha_{AP}\end{aligned}\right\}$$

由 B 点计算 P 点坐标：

$$\left.\begin{aligned}x_P = x_B + D_{BP}\cos\alpha_{BP} \\ y_P = y_B + D_{BP}\sin\alpha_{BP}\end{aligned}\right\}$$

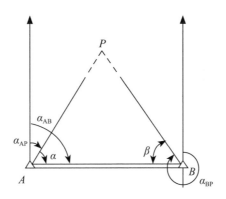

图 3-9　前方交会

求得 P 点两组坐标之差若在限差之内，取平均值作为最后的结果。

2. 极坐标与直角坐标的换算

在平面内取一个定点 O，叫做极点；引一条射线 Ox，叫做极轴；再选定一个长度单位和角度的正方向（通常取逆时针方向）。对于平面内任何一点 M，用 ρ 表示线段 OM 的长度，θ 表示从 Ox 到 OM 的角度，ρ 叫做点 M 的极径，θ 叫做点 M 的极角，有序数对（ρ，θ）就叫做点 M 的极坐标，这样建立的坐标系叫做极坐标系。

令极坐标系的极点 O 与测量平面直角坐标系的原点重合，极轴 Ox 与正向纵轴（x 轴）重合。设 M 为平面上任意一点，x 和 y 为该点的直角坐标，D 和 α 为极坐标，如图 3-10 所示。

则：

$$x=D\cos\alpha$$
$$y=D\sin\alpha$$

反之：

$$D^2 = \sqrt{x^2 + y^2}$$

$$\tan\alpha = \frac{y}{x}$$

$$\alpha = \tan^{-1}\left(\frac{y}{x}\right)$$

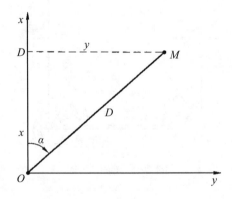

图 3-10 极坐标与测量平面直角坐标系换算

第五节 角度交会法

角度交会法是分别在两个控制点上安置经纬仪，根据相应的水平角测设出相应的方向，同时根据两个方向交会定出点位平面位置的一种放样方法，如图3-11所示。此法适用于测设点距离控制点较远或量距有困难的情形。

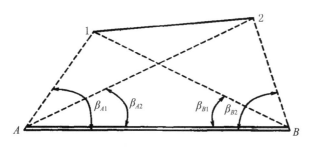

图 3-11　角度交会法

首先，根据控制点 A、B 和测设点 1、2 的坐标，反算测设出数据 β_{A1}、β_{A2}、β_{B1}、β_{B1} 角度值。随后，将经纬仪安置在 A 点，并瞄准 B 点，利用 β_{A1}、β_{A2} 角值按照盘左盘右分中法，分别定出 $A1$、$A2$ 方向线，并在其方向线上的1、2两点附近分别打上两个木桩（俗称骑马桩），桩上钉小钉以标明此方向，同时用细线拉紧。然后，在 B 点安置经纬仪，采用同法定出 $B1$、$B2$ 方向线。根据 $A1$ 和 $B1$、$A2$ 和 $B2$ 的方向线，可以分别交出1、2两点，即为所求待测设点的位置。

当然，也可以利用两台经纬仪分别在 A、B 两个控制点同时设站，在测设出方向线后标出1、2两点。

在检核时，可以采用丈量实地1、2两点之间的水平边长，与1、2两点设计坐标反算出的水平边长进行比较。

第六节 距离交会法

距离交会法是分别从两个控制点利用两段已知距离进行交会定点的方法。

当建筑场地平坦且便于量距时，采用此法较为方便。

如图 3-12 所示，A、B 为控制点，1 点为待测设点。首先，根据控制点和待测设点的坐标反算出测设数据 DA 和 DB，随后用钢尺从 A、B 两点分别测设两段水平距离 D_A 和 D_B，其交点即为所求 1 点的平面位置。

同样，2 点的位置可以由附近的地形点 P、Q 交会后求出。

检核时，可以实地丈量 1、2 两点之间的水平距离，并与 1、2 两点设计坐标反算出的水平距离进行比较。

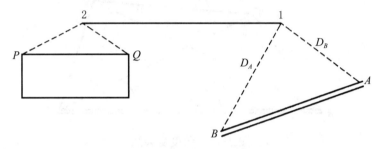

图 3-12　距离交会法

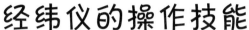

第四章

经纬仪的操作技能

第一节 经纬仪的构造

1. DJ₆级光学经纬仪的构造

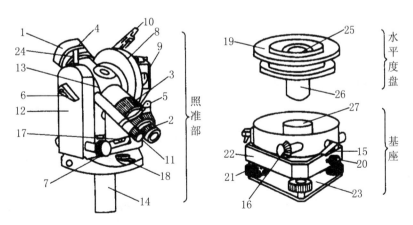

图 4-1　光学经纬仪的构造

1—望远镜物镜；2—望远镜目镜；3—望远镜调焦环；4—准星；5—照门；6—望远镜固定扳手；7—望远镜微动螺旋；8—竖直度盘；9—竖盘指标水准管；10—竖盘水准管反光镜；11—读数显微镜目镜；12—支架；13—水平轴；14—竖直轴；15—照准部制动扳手；16—照准部微动螺旋；17—水准管；18—圆水准器；19—水平度盘；20—轴套固定螺旋；21—脚螺旋；22—基座；23—三角形底板；24—罗盘插座；25—度盘轴套；26—外轴；27—度盘旋转轴套

光学经纬仪是现代测角度经常使用的仪器，工程上常用的为 DJ_6 型。

图 4-1 为国产 DJ_6 型光学经纬仪的构造图。这种仪器体积小、重量轻、精度高、密封性好、使用方便。仪器主要是由三部分组成，见图 4-1。

（1）照准部

主要有望远镜物镜 1、竖直度盘（简称竖盘）8、水准管 17、圆水准器 18 和竖直轴 14 等部件构成。

望远镜可绕它的水平轴 13 做竖直方向旋转，以观测高度不同的测点。使用望远镜固定扳手 6 和微动螺旋 7，可控制望远镜的俯仰旋转。整个照准部又可绕竖轴做水平转动，用照准部水平制动扳手 15 和微动螺旋 16（安装在下部基座上），便可控制照准部水平旋转。望远镜俯仰旋转的竖直角，由竖盘 8 测出。和水准仪一样，照准部装置的水准管 17 和圆水准器 18，供整平经纬仪之用。

（2）度盘

水平度盘 19 和竖直度盘 8，均采用光学玻璃刻制而成。水平度盘按顺时针方向，自 0°到 360°精密刻画，用作测量水平角之用。两种度盘均密封在仪器的外壳内加以保护。

（3）基座

主要由基座 22、三支脚螺旋 21 和三角形底板 23 组成，与水准仪的基座基本相同。

光学经纬仪的三个主要组成部分，用照准部竖直轴 14，穿过水平度盘中心的外轴 26，插入度盘轴套 25 内，可单独旋转。拧紧轴套固定螺旋 20，可将上述三部分连接在一起。

注意轴套固定螺旋，在测量过程中绝不可将它松动，否则，搬站时照准部、度盘可能与基座分离，坠落地面摔坏仪器，测量人员必须牢记。

2. DJ₂级光学经纬仪的构造

DJ₂级光学经纬仪（图 4-2）与 DJ₆级光学经纬仪构造基本相同，其具有以下特点。

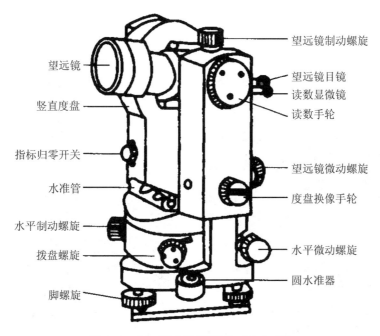

图 4-2　DJ₂级光学经纬仪（TDJ₂型）

1）DJ₂级光学经纬仪，在读数显微镜中不能同时看到水平盘与竖盘的刻度影像，而是通过支架旁的度盘换像手轮来实现的，即利用该手轮可变换读数显微镜中水平度盘与竖直度盘的影像。当换像手轮端面上的指示线水平时，显示水平盘影像，当指示线成竖直时，即可显示竖直度盘影像。

2）DJ₂级光学经纬仪采用对径刻度符合读数装置，可直接读出度盘对径刻度读数的平均值，所以消除了度盘偏心差的因素影响。

第二节 经纬仪的使用步骤

经纬仪（图 4-3）是测量工作中主要测角仪器，它可以测量水平角也可以测量竖直角。目前在建筑施工中，使用较为广泛的是 DJ_2 和 DJ_6 型经纬仪。

图 4-3 经纬仪实图

1. 经纬仪的使用步骤

经纬仪的使用步骤，详见表 4-1。

经纬仪的使用步骤　　　　　　　　　　表 4-1

步骤	图示及说明
测站点对中	1）锤球对中  　　张开三脚架，安置在测站上，使架头大致水平（调整三脚架，使架腿等长，并适合操作者身高）。  从仪器箱中取出经纬仪。  一手握住找准部，一手托住基座，放在三脚架架头上。  随即旋紧连接螺旋。

续表

步骤	图示及说明

测站点对中

把锤球挂在连接螺旋中心的挂钩上，并把连接螺旋大致放在三脚架架头的中心，进行初步对中。如果偏离较大，可平移三脚架（使锤球尖大致对准测站的中心）。

并将三脚架尖踩入土中（使锤球线、测站点与第三条脚架同在一地面内）。

注：对中误差一般小于3mm，但容易受风力影响。

2）光学对中

光学对中器是装在仪器纵轴中的小望远镜。

续表

步骤	图示及说明
测站点对中	  只有当仪器纵轴铅垂时，才能应用光学对中器对中（对中时三脚架架头要大致水平）。  支起三脚架，使水准仪大致水平（先目估初步对中）。   转动光学对中器目镜头，对光螺旋。 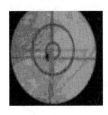 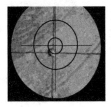 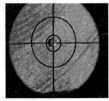 可以看到地面标志点的影像渐渐变得清晰（旋转经纬仪的脚螺旋，使测站的影像呈像清晰）。

续表

步骤	图示及说明

测站点对中

　　用经纬仪进行点对中时，应先踩实一只架腿，将一只鞋尖对准地面点，再用手持另两只架腿，从对中目镜中，沿垂角的方向即可迅速将十字丝中心对准地面点。随后再将另两只架脚踩实。

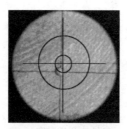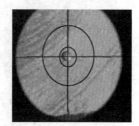

　　旋转脚螺旋，使测站点标志的影像精确位于风化板上小圆圈的中心。

　　采用伸缩三脚架架脚的方法，使圆水准器的气泡居中。

续表

步骤	图示及说明

测站点对中

然后旋转脚螺旋，使长水准管气泡居中。

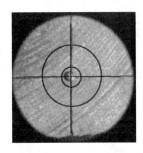

此刻，检查测站点标志是否位于圆圈中心，若有偏差，可在架头上移动仪器，再进行对中整平。直到仪器在精平的状态下，测站点标志精确位于小圆圈中心为止。

注：目前 DJ_2 和 DJ_6 都安有光学对中仪器，光学对中不受风力的影响，对中误差可以小于 1mm。

精确制平经纬仪

松开水平制动螺旋，转动照准部，使照准部水准管大致平行于任意两个脚螺旋（竖直度盘位于铅垂平面内）。

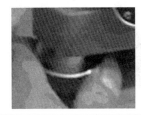

水准管中，气泡移动方向，与左手大拇指移动方向一致，两手同时向内或向外转动脚螺旋。

续表

步骤	图示及说明
精确制平经纬仪	 将照准部旋转90°，使水准管垂直于原来两个脚螺旋的连线。   旋转第三支脚螺旋，使气泡居中，反复几次直至照准部转动到任何位置时，水准管气泡总为于中央，容许偏差两格，这时仪器的水平度盘水平。 注：整平的目的是使经纬仪的纵轴位于铅垂方向，从而使水平度盘和横轴处于水平位置。
调整照准部及测量	   测角时的照准标志，一般为树立于地面的标杆、测钎等。     测水平角时，以望远镜中的十字丝的纵丝瞄准目标。

续表

步骤	图示及说明

  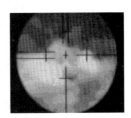

将望远镜对向天空或白色墙面，转动目镜对光螺旋，使十字丝最清晰（松开望远镜制动螺旋及水平制动螺旋）。

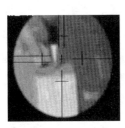  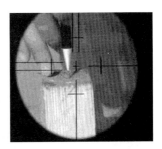

通过望远镜上的切口和准心对准目标，然后旋紧制动螺旋。转动物镜对光螺旋，使目标呈像十分清晰。

 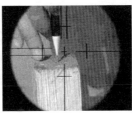 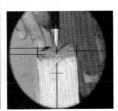

再旋转望远镜微动螺旋及水平微动螺旋，使十字丝精确对准目标。瞄准目标时，要求目标呈像与十字丝平面重合。

调整照准部及测量

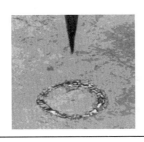 

照准标杆和测钎时，要求照准目标要立垂直。

续表

步骤	图示及说明
调整照准部及测量	 若发现存在视差，则需要重新进行对光，予以消除。 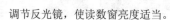 调节反光镜，使读数窗亮度适当。  旋转读数显微镜的目镜，使度盘及分微尺的刻画清晰。
读数和记录	1）微尺读数 目标照准后即可进行读数，读数时应按观测目标的次序、观测时的度盘位置先盘左后盘右，记录在相应的表格中（测微尺读数系统在DJ$_6$级仪器中广泛采用）。 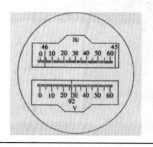 在读数窗中我们可以看到两格影像，上格Hz是水平度盘和测微尺的影像；下格V是竖直度盘和测微尺的影像（在测微尺上将1°划分为60格，以测微尺上的一格为1'）。

续表

步骤	图示及说明
读数和记录	注：当照准目标时，木盘上哪条分划线落在测微尺上，此条分划线的值就是度，该条分划线所指测微尺上的分格数，就是分值，再估读出秒值，三项相加，就是此方向的点度值。 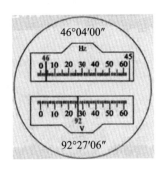 图中水平度盘读数为 46° 04′ 00″； 竖盘读数为 92° 27′ 06″。 2）微轮读数 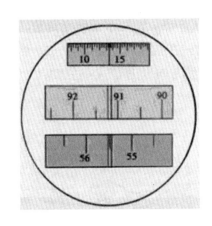 在测微轮读数系统的读数窗中，我们可以看到三格影像，下方为水平度盘的分划像、中间为竖直度盘的分划像、上方为测微尺的分划像（在读数前必须转动测微轮，用双直标线夹准度盘上一条分划线的度分子后才可读数）。 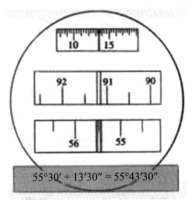 读数时需将上格分秒读数加到下格，得水平度盘的读数。

2. 水平角的测设

测量与测设是测量工作中的两个相反过程，设在地面上已知 AB 方向（图 4-4），要在 A 点以 AB 为起始方向向右测设出给定的水平角 β，具体步骤如下：

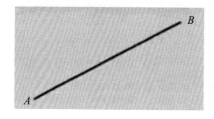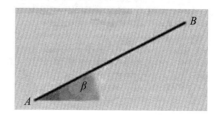

图 4-4

将经纬仪安置在 A 点，用盘左瞄准 B 点，读取水平度盘读数，松开照准部向右旋转，当度盘读数增加 β 角值时，在视线方向定出 C' 点。然后倒转望远镜，呈盘右位置，用同样方法，再在视线方向定出 C'' 点，去 C'、C'' 的中点 C，则 $\angle BAC$ 即为所测的 β 角（图 4-5）。

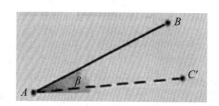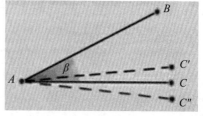

图 4-5

3. 定线和建筑物定位

定线和建筑物定位，详见表 4-2。

定线和建筑物定位 表 4-2

种类	图示及说明
定线	为了量出较精确的直线距离，需要在直线上标记目标点，使其在同一直线上。  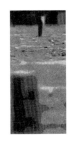  精度要求高时，可以用经纬仪定线。 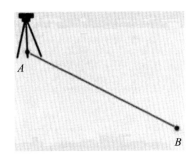 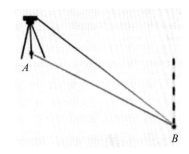 设 A、B 两点互相空视，安置经纬仪于 A 点，经过对中整平后，用望远镜纵丝瞄准 B 点，制动照准部。 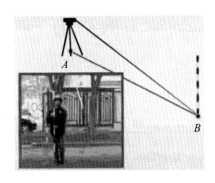 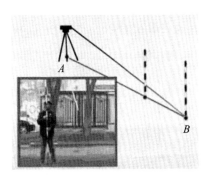 望远镜上下移动，指挥在两点间某一点上的助手，左右移动标杆，直至标杆所呈像为纵丝所平分，此时标杆处所标见的点宜在 AB 上。

续表

种类	图示及说明

已知线长甲乙 30.00m，建筑物与线平行，其对应关系如左图。

建筑物定位

用直角坐标法测定该建筑物的位置，以乙点为原点，甲为 X 轴方向，建立平面直角坐标系。

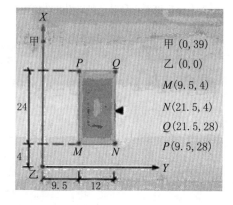

甲 $(0,39)$

乙 $(0,0)$

$M(9.5,4)$

$N(21.5,4)$

$Q(21.5,28)$

$P(9.5,28)$

在乙点安置经纬仪透视甲点，用钢尺定出 1 点和 2 点后，校测 2 甲间距，分别在 1 点和 2 点上安置经纬仪，后视甲点，用钢尺在该方向上定出 MN 与 PQ。

注：无论怎样的测量与测设工作，都是在灵活和熟练地运用基本测量方法和手段的基础上进行的。

第三节 经纬仪的检验与校正

　　为了保证经纬仪观测成果的可靠性，减小机器误差，需对经纬仪应满足的条件进行检验，并矫正到相应等级型号允许的值。

　　普通经纬仪需要满足照准部的水准管轴应垂直于竖轴，视准轴应垂直于水平轴，水平轴应垂直于竖轴以及竖盘指标应处于正确位置（图4-6）。

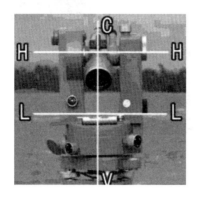

图4-6

　　注：对于DJ$_2$型仪器，必要的时候还要进行光学测微器型差的测定。

　　普通经纬仪的检验与校正，详见表4-3。

普通经纬仪的检验与校正　　　　　　　　表4-3

种类	检验	校正
照准部的水准管轴应垂直于竖轴的检验校正	旋转校准部，至水准管与任意两个脚螺旋的连线平行。	

续表

种类	检验	校正
照准部的水准管轴应垂直于竖轴的检验校正	旋转脚螺旋，使气泡居中。再将照准部转动180°，若气泡仍然居中，则此条件满足，否则应进行校正。	旋转脚螺旋，使气泡向中间移动偏离值的一半，另一半用矫正针拨动水准管的校正螺丝，使气泡完全集中即可（此项检验校正需要反复进行）。
视准轴应垂直于水平轴的检验校正	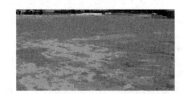选择长约100m左右的平坦场地，最好在直线两端 AB 处有建筑物的墙，以便在经纬仪等高处设置标志，以绘出点位。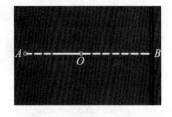在 AB 中点 O 处安置经纬仪。	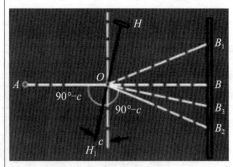取 B_1B_2 长的 $\frac{1}{4}$，得 B_3 点。

种类	检验	校正
视准轴应垂直于水平轴的检验校正	 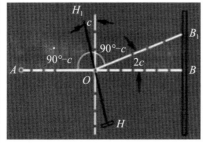 先以盘左位置照准与仪器大致同高的点 A，绕横轴倒转望远镜，在与仪器同高的 B 点绘出 B_1。 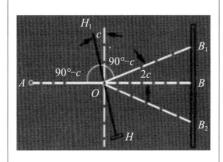 再以盘右位置照准 A 点，倒转望远镜在 B 处，与 B_1 等高处绘点 B_2，若 B_1 点与 B_2 点重合，则条件满足。若视准轴不垂直于水平轴，相差 $1c$ 角，则 B_1B_2 的长是 $4c$ 的反映。	 卸下目镜护罩，用校正针拨动十字丝左右两校正螺丝，使十字丝的交点对准 B_3 点（校正后须进行检验，若不满足需重复校正）。

续表

种类	检验	校正
水平轴应垂直于竖轴的检验校正	将仪器安置于离较高建筑的墙壁约30m处。 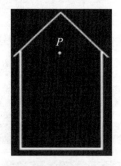精确整平仪器，以盘左瞄准高处目标P，两角大于30°。  然后置平望远镜，在墙上标出十字丝焦点所对准的点m_1。	此项校正应送回车间或有资质的修理部门进行检修。

种类	检验	校正
水平轴应垂直于竖轴的检验校正	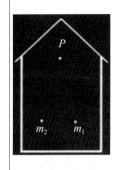 盘右再瞄准高处目标 P，然后置平望远镜，在墙上标出十字丝焦点所对准的点 m_2。 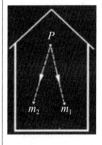 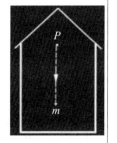  若 m_1 与 m_2 重合则条件满足，否则需要进行校正。	
圆水准器轴平行于竖轴的检验校正	照准部水准管气泡居中后，仪器整平，此时竖轴已居铅垂位置，如果圆水准器平行于竖轴条件满足，那么气泡应该居中，否则应该校正。	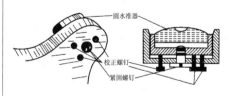 在圆水准器装置的底部有三个校正螺钉，如上图所示。根据气泡偏移的方向进行调节，直至圆气泡居中，校正好后，将螺钉旋紧。

续表

种类	检验	校正
十字丝竖丝垂直于横轴的检验校正	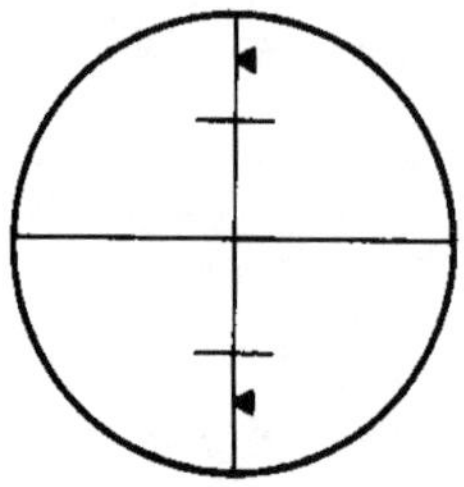 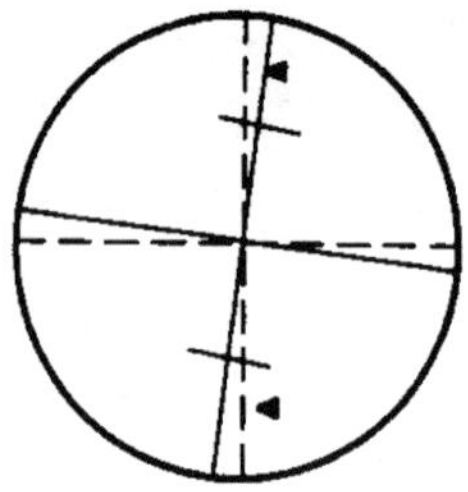 符合条件 需要校正 　整平仪器后，用十字丝竖丝的一端照准一个小而清晰的目标点，拧紧水平制动螺旋和望远镜制动螺旋，然后使用望远镜的微动螺旋使目标点移动到竖丝的另一端，如上图所示。若目标点此时仍位于竖丝上，那么此条件满足，否则需要校正。或者在墙壁上挂一细垂线，用望远镜竖丝瞄准垂线，若竖丝与垂线重合，那么符合条件，否则需要校正。	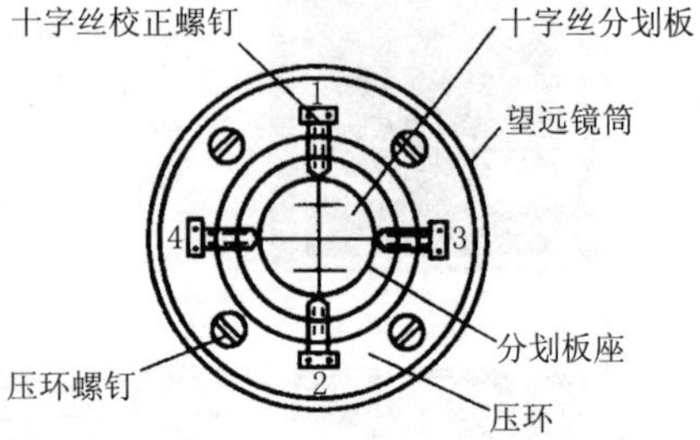 　此处的校正方法与水准仪中横丝应垂直于竖轴的校正方法相同，此处只需使纵丝竖直即可。如上图所示，校正时，先打开望远镜目镜端护盖，松开十字丝环的四个固定螺钉，按竖丝偏离的反方向微微转动十字丝环，直到目标点在望远镜上下俯仰时始终在十字丝纵丝上移动为止，最后旋紧固定螺钉，旋上护盖。
横轴垂直于竖轴的检验校正	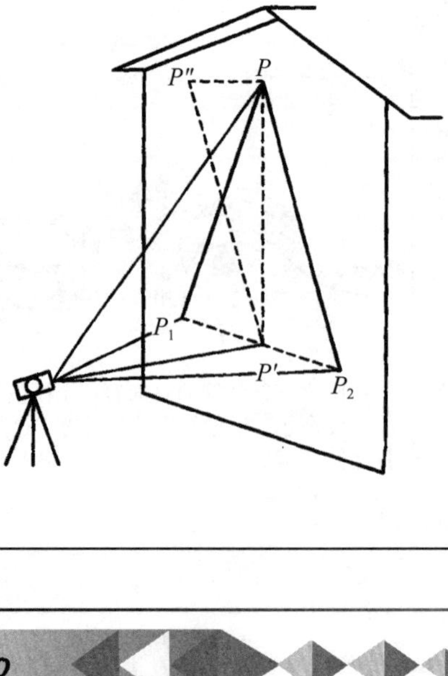	取 P_1、P_2 的中点 P'，则 P、P' 在同一铅垂面内。照准 P' 点，将望远镜抬高，则视线必然偏离 P 点而指向 P'' 点。在校正时保持仪器不动，校正横轴的一端，将横轴支架的护罩打开，松开偏心轴承的三个固定螺旋，轴承可作微小转动，使横轴端点上下移动，使视线落在 P 上。校正完成后，旋紧固定螺旋，并上好护罩。

续表

种类	检验	校正
横轴垂直于竖轴的检验校正	在竖轴铅垂的情况下，如果横轴不与竖轴垂直，那么横轴倾斜。如果视线已垂直横轴，则绕横轴旋转时构成的是一个倾斜平面。在进行这项检验过程中，应将仪器架设在一个较高墙壁附近，如上图所示。当仪器整平以后，以盘左照准墙壁高处一清晰的目标点 P（倾角＞30°），随后将望远镜放平，在视线上标出墙上的一点 P_1，再将望远镜改为盘右，仍然照准 P 点，并放平视线，在墙上标出一点 P_2，如果 P_1 和 P_2 两点相重合，那么此条件满足，否则需要校正。	
光学对中器的视线与竖轴旋转中心线重合的检验校正	将仪器架好后，在地面上铺一白纸，并且在纸上标出视线的位置点，之后将照准部平转180°，接着再标出视线的位置点，此时若两点重合，那么条件满足，否则需要校正。	不同厂家生产的仪器，校正的部位也不尽相同，有的是校正光学对中器的望远镜分划板，有的则校正直角棱镜。由于检验时所得前后两点之差是由二倍误差造成的，因此在标出两点的中间位置后，校正有关的螺旋，使视线落在中间点上即可。光学对中器分划板的校正与望远镜分划板的校正方法相同。直角棱镜的校正装置位于两支架的中间，校正直角棱镜的方向和位置需反复进行，直至达到满足为止。
竖盘指标差的检验校正	检验竖盘指标差的方法是用盘左、盘右照准同一目标并且读得其读数 L 和 R 后，按照指标差的计算公式来计算其值，当不符合其限差时则需校正。	保持盘右照准原来的目标不变，此时的正确读数应为 $R-x$。用指标水准管微动螺旋将竖盘读数安置在 $R-x$ 的位置上，这时水准管气泡必不再居中，调节指标水准管校正螺旋，同时使气泡居中即可。有竖盘指标自动补偿器的仪器应校正竖盘自动补偿装置。竖盘指标差应该反复进行几次，直到误差处于容许的范围以内，并且满足条件为止。

第四节 测回法测水平角

测回法测水平角，详见表 4-4。

测回法测水平角　　　　　　　　　　　表 4-4

图示步骤

当目标不多于三个时，常用测回法测量水平角（例如测 OA 和 OB 的夹角 β）。

将仪器架设在测站点 O 上，以 OA 方向为后视，盘左位置瞄准左目标 A，读取后视读数 $A_左$，记入观测记录表中。

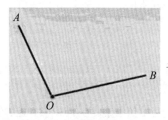

松开望远镜制动螺旋，瞄准右目标 B，读数 $B_左$，记入观测记录表中。

则盘左位置所得半测回角值 $\beta_左 = B_左 - A_左$

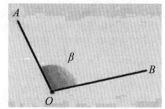

续表

图示步骤

纵转望远镜，使竖盘在望远镜的右边，即盘右位置照准 B 点，得 $B_右$；松开照准部制动螺旋，瞄准左目标 A 点，得 $A_右$，则盘左位置所得半测回角值 $\beta_右 = B_右 - A_右$（两个半侧回角值的差为 6″）。

在 DJ_6 经纬仪规定的不大于 40″ 的范围内，取盘左盘右平均值，作为最后结果。

测回法观测记录

测站	盘位	目标	水平度盘读数	水平角		备注
				半测回值	测回值	
O	左	A	00°00′12″	110°21′24″	110°21′21″	DJ6 经纬仪
		B	110°21′36″			
	右	A	180°00′06″	110°21′18″		
		B	290°21′24″			

$$\beta_左 - \beta_右 = 6″$$

使用盘左、盘右两个位置观测水平角，可以抵消仪器误差对测角的影响，同时可作为观测中有无错误的检核，每照准一个目标读完一个观测值，记录员要与观测员密切配合，一起做正式记录，防止遗落或次序颠倒。记录要及时、清楚。

注：水平度盘刻度是按顺时针方向注记，因此计算水平角值时，总是以右边方向的读数减去左边方向的读数。如不够减，则将右边方向的读数加 360°，再减去左边方向读数，决不可倒过来减。

水平角的观测方法，一般是根据角的精度要求、选用的仪器型号以及观测目标的个数而定（测回法仅适用于观测两个方向之间的单角，是测角的基本方法）。

第五节 全圆测回法测水平角

全圆测回法又称方向观测法，当在一个测站上需观测三个或三个以上方向时，通常采用方向观测法（两个方向也可采用）。它的直接观测结果是各个方向相对于起始方向的水平角值，又称方向值。相邻方向的方向值之差，就是各相邻方向间的水平角值。

如图 4-7 所示，设在 3 点有 32、34、3B、31 四个方向，具体操作步骤如下：

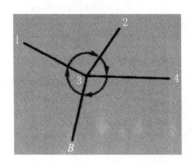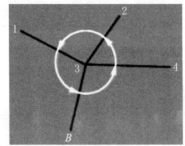

图 4-7　方向观测法基本原理

1. 上半测回

1）在 3 点安置好仪器，先盘左瞄准起始方向 2 点，设置水平度盘读数，稍大于 0°，读数并记录下来。

2）按照顺时针方向依次瞄准 4、B、1 各点，分别读取各读数，最后再瞄准 2 读数，称为归零。两次瞄准起始方向 2 的读数差称为归零差。

2. 下半测回

1）倒转望远镜改为盘右，瞄准起始方向 2 点，读取水平度盘读数，读数并记录下来。

2）按照逆时针方向依次照准 1、B、4、2，分别读取水平度盘读数记入表中。以上分别为上、下半测回，构成一个测回。

3. 测站计算

依据各方向上下半测回的方向值，计算各方向的平均方向值和归零方向值。在全圆测回法的实际测量中，要遵守规范规定的限差要求，以保证观测质量。

第六节 水平观测角的注意事项

水平角观测的注意事项，详见表 4-5。

水平角观测的注意事项   表 4-5

序号	图示	描述
1		仪器要安稳。三脚架连接螺旋要旋紧、三脚架尖要插入土中或地面缝隙，仪器由箱中取出放在三脚架首上，要立即旋紧连接螺旋，仪器安好后，手不得扶或摸三脚架，人不得离开仪器近旁，更要注意仪器上方有无落物，强阳光下要打伞（旋转照准部用力要适中）。
2	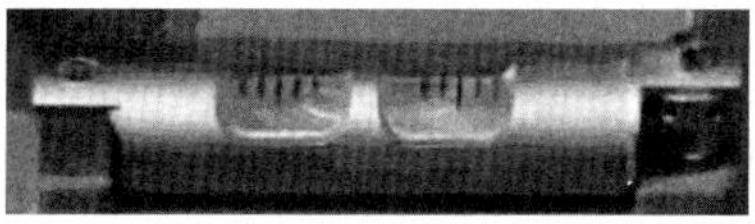	照准部水准管是仪器是否水平或稳定的衡量标准，在观测过程中，不得再调整照准部水准管。当发现气泡偏离中央超过 1 格时，需要重新整平仪器、重新观测。

续表

序号	图示	描述
3	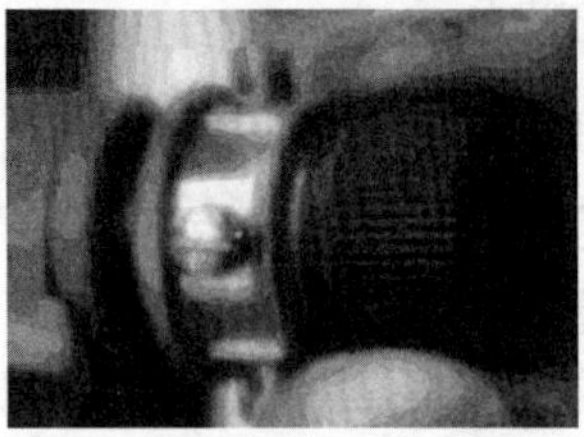	对中要精确并检查对点器的正确性，特别当测角精度要求高，或者测角距离近时，对中要求更严格。
4	—	当观测的目标间高差较大时，更需注意仪器的整平。
5	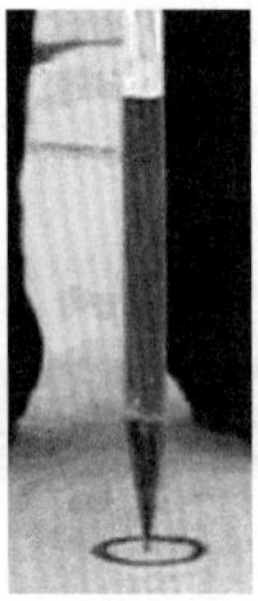	照准标志要竖直，照准标志的选用要根据精度的要求及设备条件等选用，尽可能用十字丝的交点、标准花杆或测钎底部。
6	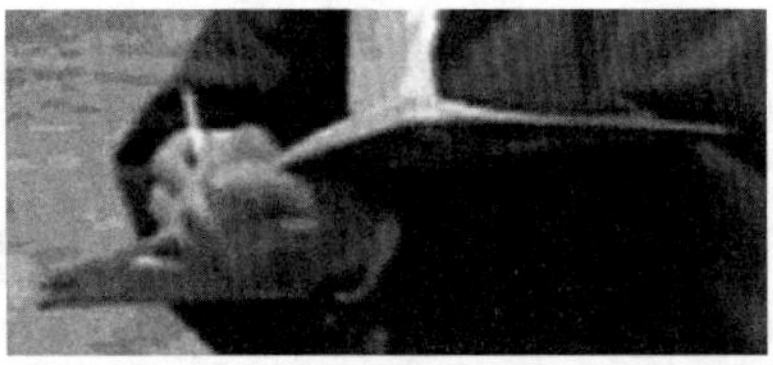	记录要及时。每照准一个目标、读完一个观测值，要立即做正式记录，避免遗漏或次序颠倒。及时计算限差进行比较，合乎要求后方可迁站，若不合格应立即重测。手工记录不得涂改或重新抄录。

第七节 电子经纬仪的使用

　　随着电子技术、计算机技术、光电技术、自动控制等现代科学技术的发展，使角度测量向自动化记录方向的发展有了技术基础，出现了能自动显示、自动记录和自动传输数据的电子经纬仪。这种仪器的出现标志着测角工作向自动化迈出了新的一步。

电子经纬仪与光学经纬仪相比，外形结构相似，但测角和读数系统有很大的区别。电子经纬仪测角系统主要有以下三种：

① 编码度盘测角系统。是采用编码度盘及编码测微器的绝对式测角系统。

② 光栅度盘测角系统。是采用光栅度盘及莫尔干涉条纹技术的增量式读数系统。

③ 动态测角系统。是采用计时测角度盘及光电动态扫描绝对式测角系统。

下面以国内应用较为广泛的博飞电子经纬仪（图 4-8）为例进行介绍。

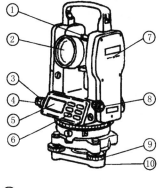

①—粗瞄准；②—物镜；③—水平固定螺旋；
④—水平微动螺旋；⑤—显示器；⑥—操作键；
⑦—仪器中心标志；⑧—光学对中器；
⑨—脚螺旋；⑩—三角座

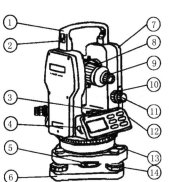

①—提把；②—提把螺丝；③—长水准器；
④—通信接口（用与 EDM）；⑤—基座固定钮；
⑥—三角座；⑦—电池盒；⑧—调焦手轮；
⑨—目镜；⑩—垂直固定螺旋；⑪—垂直微动螺旋；
⑫—RS-232C 通信接口；⑬—圆水准器；⑭—脚螺旋

图 4-8　博飞 DJD2-PG 系列

1. 显示器和显示标记

显示器和显示标记如图 4-9 所示。

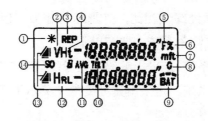

符号		内容	符号		内容
①	✳	测距仪工作状态	⑫	H_H	水平角状态
②	V	垂直角		H_R	水平角右旋递增
③	REP	复测角测量状态		H_L	水平角左旋递增
④	Ht	复测角测量总值		H	复测角度平均值
⑤	F	第二功能选择	⑬	◢	距离／坐标状态
⑥	%	垂直坡度百分比		◢	平距
⑦	mft	距离单位		◢	高差
	m	米		◢	斜距
	ft	英尺		∕	北向坐标 N（x）
⑧	G	400 格显示单位		⌐	Z 坐标（高差）
⑨	B̄ĀT̄	电池电量指示		∠	东向坐标 E（y）
⑩	TILT	倾斜补偿功能	⑭	SO	放样测量
⑪	AVG	复测角平均数			

图 4-9　显示器与显示标记

2. 操作面板和操作键

操作面板和操作键如图 4-10 所示。

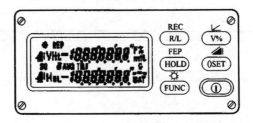

图 4-10　操作面板和操作键

按键	功能 1	功能 2
REC (R/L)	水平角右旋增量或左旋增量	测量数据存储或输出
REP (HOLD)	水平角锁定	重复角度测量
☼ (FUNC)	第二功能键选择	显示器照明和视距板照明
↙ (V %)	垂直角/坡度百分比	坐标测量
◢ (OSET)	水平角置零	距离测量
⏻	电源开关	

图 4-10 操作面板和操作键（续）

3. 角度测量

　　将电子经纬仪对中整平后，按住电源开关开机，旋转望远镜使传感器通过零位，瞄准目标第一个目标 A 后，按 [OSET] 键，使水平角读数设置为"0° 00′ 00″"。作为水平角起算的零方向，如图 4-11 所示。

图 4-11 水平角置零设置

　　顺时针转动仪器照准部，瞄准另一个目标 B，这时仪器显示为如图 4-12 所示。

V 91°05′10″ ——— B 方向竖直角（天顶距）值
HR 50°10′20″ ——— AB 方向间右旋水平角值

图 4-12 AB 方向间右旋读数图

按 [R/L] 键后，水平角设置成左旋测量方式。逆时针方向转动仪器照准部，瞄准目标 A，对水平角度置零。然后逆时针方向转动仪器照准部，照准目标 B 时显示为如图 4-13 所示。

V 91°05′10″ ——— B 方向竖直角（天顶距）值
HL 309°49′40″ ——— AB 方向间左旋水平角值

图 4-13 AB 方向间左旋读数图

第五章
水准仪的操作技能

第一节 微倾式水准仪的构造

微倾式水准仪的基本构造如图 5-1 所示，DS3 型微倾式水准仪主要由望远镜、水准器和基座三部分组成。

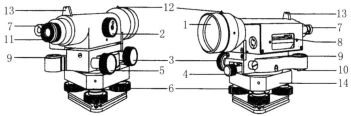

图 5-1　DS3 型微倾式水准仪

1—物镜；2—物镜调焦螺旋；3—水平微动螺旋；4—制动螺旋；
5—微倾螺旋；6—脚螺旋；7—符合气泡观察镜；8—水准管；
9—圆水准器；10—校正螺丝；11—目镜；12—准星；13—照门；14—基座

1. 望远镜

望远镜主要由物镜、目镜、物镜调焦（对光）螺旋和十字丝分划板组成，其作用是提供一条水平视线，精确照准水准尺进行读数，如图 5-2 所示。

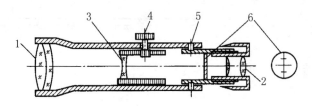

图 5-2　望远镜

1—物镜；2—目镜；3—对光透镜；

4—物镜对光螺旋；5—固定螺丝；6—十字丝分划板

望远镜的物镜和目镜一般由复合透镜组成。由于物镜调焦构造不同，望远镜有外对光望远镜和内对光望远镜两种，目前使用的多为内对光望远镜，该种望远镜的对光透镜为凹透镜，位于物镜和目镜之间。望远镜的对光是通过旋转物镜调焦螺旋，使调焦镜在望远镜镜筒内平移来实现的，其成像原理如图 5-3 所示。

目标 AB 经过物镜后形成一个倒立且缩小的实像，移动对光透镜可使不同距离的目标均能成像在十字丝平面上。通过目镜的作用，可看到同时放大了的十字丝和目标影像 ab。

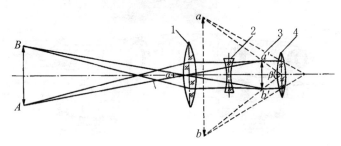

图 5-3　望远镜成像原理

1—物镜；2—对光透镜；3—十字丝分划板；4—目镜

如图 5-3 所示，从望远镜内看到目标的像所对的视角为 β，用肉眼看目标所对的视角可近似地认为是 α，从望远镜内所看到的目标 AB 影像的视角与肉眼直接观察该目标的视角之比，称为望远镜的放大率，一般用 v 表示，则望远镜的放大率为

$$v = \frac{\beta}{\alpha}$$

DS_3 型微倾式水准仪望远镜的放大率一般为 28 倍左右。

如图 5-4 所示，十字丝分划板是一块刻有分划线的光学玻璃板。光学玻璃板上相互垂直的细线称为十字丝，竖的一根称为竖丝，横的三根称为横丝，其中，中间较长的一根横丝称为中丝，用来读取水准尺上的读数以计算高差；上下较短的两根横丝，分别称为上丝和下丝，上、下丝又合称视距丝，用来测定水准仪至水准尺的水平距离。十字丝交点与物镜光心的连线，称为视准轴。

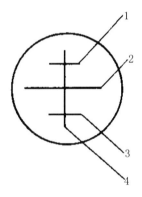

图 5-4　十字丝分划板

1—上丝；2—中丝；3—下丝；4—竖丝

2. 水准器

水准器是水准仪的整平装置，分为管水准器和圆水准器两种。管水准器用来判断视准轴是否水平，圆水准器则用来判断仪器竖轴是否竖直。

（1）管水准器

管水准器又称为水准管，是一个纵向内壁被磨成圆弧形的玻璃管。其内装酒精和乙醚的混合物，经加热密封冷却，形成一气泡，如图5-5（a）所示。水准管圆弧内壁的最高点称为水准管的零点，过零点与圆弧相切的直线称为水准管轴。当气泡的中心与零点重合时，称为气泡居中。为了便于判断气泡是否居中，在水准管的表面上，自零点向两侧每隔2mm刻有对称的分划线，一般根据气泡的两端是否与分划线的对称位置对齐，来判断气泡是否居中。水准管上，相邻两分划线之间的弧长2mm所对应的圆心角，称为水准管的分划值，一般用τ来表示，如图5-5（b）所示，则

$$\tau = \frac{2}{R}\rho$$

式中：τ——2mm 弧长所对的圆心角；

$\rho = 206265''$；

R——水准管圆弧半径。

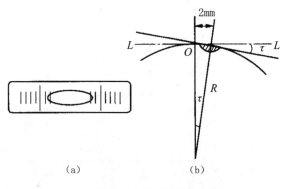

（a）　　　　　　　　　　　　（b）

图 5-5　管水准器

水准管圆弧半径越大，分划值就越小，则水准管灵敏度就越高，也就是仪器整平的精度越高。DS$_3$型微倾式水准仪的水准管分划值一般为$20''/2mm$。

为了提高水准管气泡居中的精度，DS$_3$型微倾式水准仪都装有符合棱镜系统，借助符合棱镜系统使水准管气泡一侧的两端成像，使气泡两端的像反映在望远镜旁的符合气泡观察窗（镜）中，由观测者查看观察窗中气泡两端

的像对齐与否，来判断气泡是否居中，如图 5-6 所示。若气泡两端的像对齐，则表示气泡居中，水准管轴水平；否则，表示气泡不居中，这时可转动微倾螺旋，使气泡两端的像对齐。

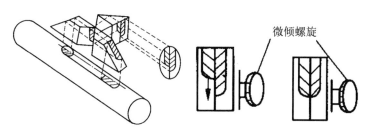

图 5-6 符合水准器

（2）圆水准器

圆水准器是一个内壁被磨成球面的玻璃圆盒，同样，内装酒精和乙醚的混合物，经加热密封冷却，形成一气泡，如图 5-7 所示。球面的最高点称为圆水准器的零点，过零点和球心的连线，称为圆水准器轴。当气泡的中心与圆水准器的零点重合时，称为气泡居中。气泡居中时，圆水准器轴竖直，则仪器竖轴亦处于竖直位置。在零点的周围刻有圆形的分划线，相邻两分划线之间的弧长也是 2mm，其所对应的圆心角，称为圆水准器分划值。

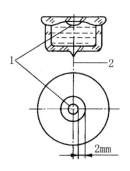

图 5-7 圆水准器

1—气泡；2—圆水准器轴

DS$_3$ 型微倾式水准仪的圆水准器分划值一般为 $8'/2mm \sim 10'/2mm$，灵敏度较低，因此圆水准器只能用来粗略整平仪器。

3. 基座

基座主要由轴座、脚螺旋和连接板等组成。其作用是用来支撑仪器的上部，并通过连接螺旋使仪器与三脚架相连。调节基座上的三个脚螺旋可使圆水准器气泡居中。

第二节　DS₃型微倾式水准仪的操作

水准仪是借助管水准器，使望远镜视准轴水平，经测读水准标尺后，测读地面高差点的仪器。

该仪器每千米往返测量高差、偶然中误差不应超过 ±3mm。操作程序见表 5-1。

DS₃普通水准仪操作程序　　　　　　　　　　　　表 5-1

步骤	图示及说明
安置仪器	 　选择测站位置。测量人员应根据现场地形、测量精度要求等情况，在后视、前视基本相等的地方，选择比较平坦、通视良好，且土质坚实的地方架设仪器。

续表

步骤	图示及说明
安置仪器	 架设仪器的时候先将三脚架松开，根据观测者身高调整合适的脚架长度，并旋紧脚架螺丝。 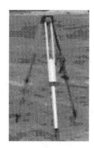 脚架安放稳固后，便可将水准仪取出，放在三脚架头上，随即轻轻旋紧连接螺旋。
粗略整平	 先固定三脚架的两只腿，用脚固定，将脚架尖踩牢固，用调整第三只腿的方法，使圆气泡大致居中，踩牢。  通过调整脚螺旋，使圆气泡处于圆圈中央。使圆气泡居中的方法是使两手拇指和食指同时对向转动两个脚螺旋，使气泡移到第三个脚螺旋与水准器中间的连线上，然后再转动第三个脚螺旋，使气泡居中。

续表

步骤	图示及说明

照准
标尺

水准仪是通过望远镜
来照准水准标尺的。

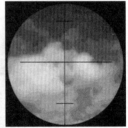

　　为了看准水准尺上的方框，先进行目镜和物镜对光，消除视差，使十字丝和尺像同时清晰。目镜对光观测过程，指观测者将目镜对准天空或白墙，从目镜中看十字丝，先用手转动调焦螺旋，慢慢旋近，直到使十字丝清晰为止。
　　目镜对光后再进行物镜对光。

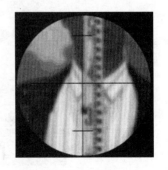

　　松开制动螺丝，用望远镜上部的缺口和准心对准水准尺，拧紧制动螺旋，旋转微动螺旋，使十字丝的纵丝靠近水准尺的一侧。

续表

步骤	图示及说明

此时，选准物镜调焦螺旋，使尺子的呈像清晰。

观测者将眼睛对目镜做上下移动，注视十字丝和水准尺的呈像是否有相对移动，如有位移标明存在视差，即稍稍转动物镜调焦螺旋，直至物像与十字丝无相对位移为止。

照准标尺

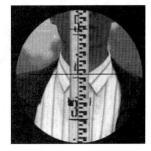

当视差消除后，旋转望远镜的微动螺旋，使十字丝的竖丝对准水准标尺，以便待仪器精确制平后进行读数。

精确制平

测量人员转动微倾螺旋，使管状水准器严格居中，使望远镜的视线精确处于水平位置的过程，叫精确制平。

长气泡居中的调整方法：当左半部分气泡位置偏下时，应顺时针方向旋转微倾螺旋至气泡居中；当左半部分气泡位置偏上时，应逆时针方向旋转微倾螺旋至气泡居中（在旋转微倾螺旋的时候，速度应力求均匀不宜过快）。

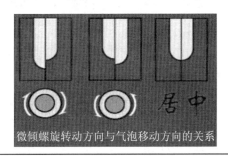

微倾螺旋转动方向与气泡移动方向的关系

续表

步骤	图示及说明
读数	在精确整平和水准标尺竖直的前提下，可进行读数，在读数前后，都要检查长水准泡是否居中。 标尺的读数方法是： 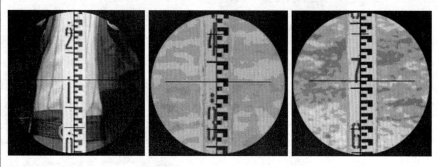 先弄清标尺两端的分化刻度的大小，然后从望远镜中看到的图像，从小往大读，使用普通水准仪一般读出四位数，估读到毫米。 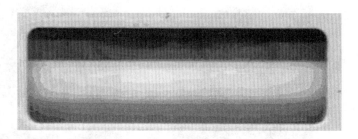 读数完毕后，应立即检视气泡是否居中，如仍居中则该次读数有效，否则应该重新使气泡居中后读数。

第三节 电子水准仪

电子水准仪的出现为水准测量自动化、数字化开辟了新的途径。电子水准仪利用电子图像处理技术来获得测站高程和距离，并能自动记录，仪器内置测量软件包，功能包括测站高程连续计算、测点高程计算、路线水准平差、高程网平差及断面计算，多次测量平均值及测量精度等。

1. 电子水准仪的测量原理

电子水准仪利用近代电子工程学原理由传感器识别条形码水准尺上的条形码分划,经信息转换处理获得观测值,并以数字形式显示在显示窗口上或存储在处理器内。仪器带自动安平补偿器,补偿范围为 ±12′。与仪器配套的水准尺为条纹编码尺,通常由玻璃纤维或铟钢制成。与电子水准仪相匹配的分划形式为条纹码。观测时,经自动调焦和自动整平后,水准尺条纹码分划影像映射到分光镜上,并将它分为两部分,一部分是可见光,通过十字丝和目镜,供照准用;另一部分是红外光射向探测器,并将望远镜接收到的光图像信息转换成电影像信号,并传输给信息处理器,与机内原有的关于水准尺的条纹码本源信息进行相关处理,于是就得出水准尺上水平视线处的读数。使用电子水准仪测量既方便又准确,实现了水准测量自动化。

2. 电子水准仪的使用方法

1)安置仪器:电子水准仪的安置同光学水准仪。

2)整平:旋动脚螺旋使圆水准盒气泡居中。

3)输入测站参数:输入测站高程。

4)观测:将望远镜对准条纹水准尺,按仪器上的测量键。

5)读数:直接从显示窗中读取高差和高程,此外还可获取距离等其他数据。

3. 电子水准仪的特点

(1)读数客观

不存在误差、误记问题,没有人为读数误差。

（2）精度高

视线高和视距读数都是采用大量条码分划图像经处理后取平均得出，因此削弱了标尺分划误差的影响。并且多数仪器都有进行多次读数取平均值的功能，进一步削弱外界的影响。

（3）速度快

由于省去了报数、听记、现场计算的时间以及人为出错的重测次数，测量时间与传统仪器相比可以节省 1/3 左右。

（4）效率高

只需调焦和按键就可以自动读数，减轻了劳动强度。视距还能自动记录、检核、处理，并能输入电子计算机进行后处理，可实现内外业一体化。

第四节 自动安平水准仪

为了提高观测的效率，人们设计出一种可以自动精确安平的水准仪，称为自动安平水准仪。自动安平水准仪由于其操作比较简便，因此在许多领域得到广泛应用。

1. 自动安平水准仪的构造

自动安平水准仪的结构特点是没有管水准器和微倾螺旋，它是在水准仪的视准轴稍微倾斜时通过一个自动补偿装置使视线水平的。如图 5-8 所示，为 NAL224 自动安平水准仪，其主要由带补偿器的望远镜、微动装置、圆水准器、基座及度盘等组成。补偿器采用 X 形（中心对称交叉）吊丝结构及空气阻尼器，补偿范围不超过 ±15′。仪器采用摩擦制动，水平微动采用无限微动机构，微动手轮安排在两侧便于操作。仪器上的度盘具有测量角度的功能，其他结构和功能与微倾式水准仪基本相同。

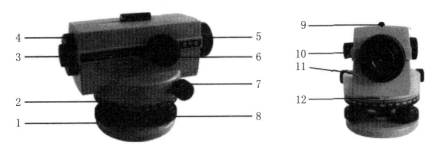

图 5-8　自动安平水准仪

1—球面基座；2—盘度；3—目镜；4—目镜罩；
5—物镜；6—调焦手轮；7—水平循环微动手轮；8—脚螺丝手轮；
9—光学粗瞄准；10—水泡观测器；11—圆水泡；12—度盘指示牌

2. 自动安平水准仪的测量原理

如图 5-9 所示，当视准轴倾斜了一个小角度 α 时，若按视准轴读数则为 a'，显然不是水平视线读数 a；为了使十字丝中丝的读数仍为 a，在望远镜的光路中安置一补偿器，使通过物镜光心的水平视线经过补偿器后偏转一个角度 β，仍通过十字丝的交点，即读数仍为 a。

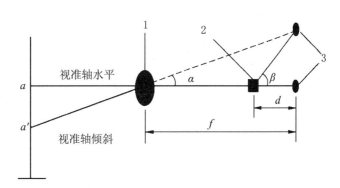

图 5-9　自动安平水准仪的测量原理

1—物镜；2—补偿器；3—目镜

为了使补偿器达到补偿的目的，补偿器必须满足的几何条件为

$$f\alpha = d\beta$$

式中：f——物镜到十字丝的距离；

d——补偿器到十字丝的距离。

3. 自动安平水准仪的使用

（1）安装三脚架

将三脚架置于测点上方，三个脚尖大致等距，同时要注意三脚架的张角和高度要适宜，且应保持架面尽量水平，顺时针转动脚架下端的翼形手把，可将伸缩腿固定在适当的位置。

脚尖要牢固地插入地面，要保持三脚架在测量过程中稳定可靠。

（2）仪器安装

仪器小心地放在三脚架上，并用中心螺旋手把将仪器可靠紧固。

（3）仪器整平

旋转三个脚螺旋使圆水准器气泡居中。可按下述过程操作：转动望远镜，使视准轴平行（或垂直）于任意两个脚螺旋的连线，然后以相反方向同时旋转该两个脚螺旋，使气泡移至两螺旋的中心线上，最后，转动第三个脚螺旋使圆水准器气泡居中。

（4）瞄准标尺

1）调节视度。使望远镜对着亮处，逆时针旋转望远目镜，这时分划板变得模糊，然后慢慢顺时针转动望远镜，使分划板变得清晰可见时停止转动。

2）用光学粗瞄准器粗略地瞄准目标。瞄准时用双眼同时观测，一只眼睛

注视瞄准口内的十字丝，一只眼睛注视目标，转动望远镜，使十字丝和目标重合。

3)调焦后,用望远镜精确瞄准目标。拧紧制动手轮,转动望远镜调焦手轮,使目标清晰地成像在分划板上。这时眼睛作上、下、左、右的移动,目标像与分划板刻线应无任何相对位移,即无视差存在。然后转动微动手轮,使望远镜精确瞄准目标。

此时，警告指示窗应全部呈绿色，方可进行标尺读数。

4. 自动安平水准仪的注意事项

1）仪器安置在三脚架上时，必须用中心螺旋手把将仪器固紧，三脚架应安放稳固。

2）仪器在工作时，应尽量避免阳光直接照射。

3）若仪器长期未经使用，在测量前应检查一下补偿器是否失灵，可转动脚螺旋，如警告指示窗两端能分别出现红色，反转脚螺旋时窗口内红色能够消除并出现绿色，说明补偿器摆动灵活，阻尼器无卡死，可进行测量。

4）观测过程中应随时注意望远镜视场中的警告颜色，小窗中呈绿色时表明自动补偿器处于补偿工作范围内，可以进行测量。任意一端出现红色时都应重新安平仪器后再进行观测。

5）测量结束后，用软毛刷拂去仪器上的灰尘，望远镜的光学零件表面不得用手或硬物直接触碰，以防油污或擦伤。

6）仪器使用过后应放入仪器箱内，并保存在干燥通风的房间内。

7）仪器在长途运输过程中，应使用外包装箱，并应采取防震防潮措施。

5. 自动安平水准仪与微倾式水准仪的区别

1）自动安平水准仪的机械部分采用了摩擦制动（无制动螺旋）控制望远镜的转动。

2）自动安平水准仪在望远镜光学系统中装有一个自动补偿器代替了管水准器，起到了自动安平的作用。当望远镜视线有微量倾斜时，补偿器在重力作用下对望远镜作相对移动，从而能自动而迅速地获得视线水平时的标尺读数。

自动安平水准仪由于没有制动螺旋、管水准器和微倾螺旋，在观测时候，在仪器粗略整平后，即可直接在水准尺上进行读数，因此自动安平水准仪的优点是省略了"精平"过程，从而大大加快了测量速度。

第五节 水准仪的检验与校正

根据水准仪的观测原理，可知一台合格的水准仪必须满足以下三个几何条件（图 5-10）：

图 5-10 合格水准仪须满足的几何条件示意图

1）水准器轴 L'L' 平行于竖轴 VV。

2）十字丝横丝应垂直于仪器竖轴。

3）水准管轴 LL 平行于视线轴 CC。

水准仪的检验与校正，详见表 5-2。

水准仪的检验与校正　　　　　　　　　　　表 5-2

种类	检验	校正
圆水准器轴平行于竖轴的检验与校正	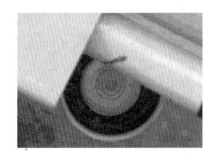　将仪器架于三脚架或稳固的平台上，旋转角螺旋，使圆水准气泡居中，将望远镜绕纵轴旋转 180°若气泡偏于一边，则证明水准器轴 L′L′不平行于竖轴 VV，需要校正。	　先转动脚螺旋，使气泡向圆水准器中心移动，偏离量的一半，然后稍松一下下方中心的松紧螺丝，用校正针插入矫正螺丝头部的小圆孔内，参照用脚螺旋整平仪器的方法，拨动校正方法，顺时针拨动某个校正螺丝，气泡即往中心移动，直到气泡完全居中，此时应将松紧螺丝旋紧，经校正的位置才会稳定。此项检校后应立即检查，直到望远镜旋转到任何位置，气泡都居中为止。

续表

种类	检验	校正
十字丝横丝应水平的检验与校正	整平仪器后，用望远镜的十字丝横丝的一端，瞄准设置在远处墙上的一固定点状目标，拧紧制动螺旋，转动望远镜微动螺旋。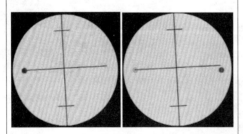使该点由横丝的一端移向另一端，旋转微动螺旋后，如果点离开横丝，则表示不水平，需要校正。	卸下望远镜目镜端的十字丝环的护罩，松开十字丝环的四个固定螺丝。按十字丝倾斜方向的反方向，微微转动十字丝环，使横丝处于水平位置，横丝始终不离开墙上明显点为止。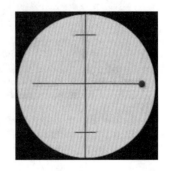最后再均匀地旋紧四个固定螺丝。

续表

种类	检验	校正
水准管轴平行于视准轴的检验与校正	先选平坦的地方，在相距 $80 \sim 100m$ 处的 AB 点钉木桩或放置尺垫。 然后找出 AB 的中点 O，用量子仪器高法测得 AB 两点间的正确高差为 h。 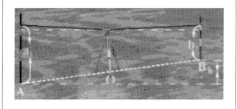当仪器位于中点时，$h = a_1 - b_1$。 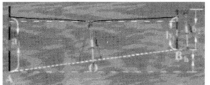接着将仪器搬到靠近 A 点或 B 点 5cm 处，整平仪器后，将望远镜的物镜贴近标尺，用笔尖直接在标尺上下移动。从望远镜的目镜端，观看笔尖，当见到笔尖落到视线中心时，从笔尖所在标尺的位置直接读出读数 b_2，由于	首先计算出视准轴水平时，在 A 尺上的正确读数，旋转微倾螺旋，使视准轴十字丝横丝对准到正确读数，此时水准气泡不居中，在保持读数不变的情况下，拨动水准管上位于目镜一端的上下两个校正螺丝，使气泡居中。

续表

种类	检验	校正
水准管轴平行于视准轴的检验与校正	仪器距 B 点很近，$\angle A$ 对 b_2 的影响可以忽略。该读数可视作视准轴的水平读数。 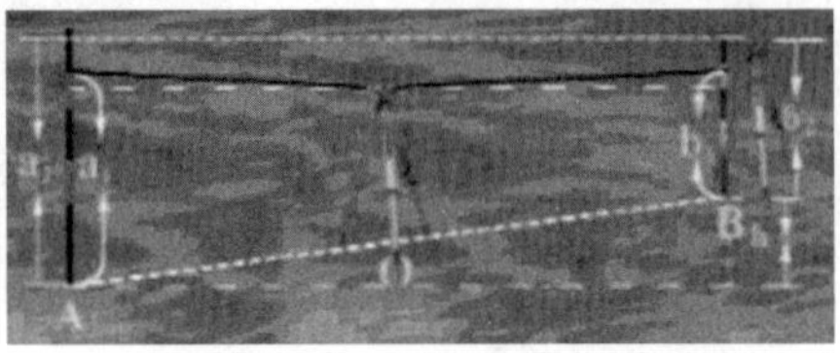 然后将望远镜瞄准 A 点标尺，调整微倾螺旋，使气泡居中，得读数 a_2，如果 $a_1 - b_1 = a_2 - b_2$ 则说明 CC 平行于 LL，若大于 5mm 则需要校正。	

第六节 水准测量的计算

1. 外业计算

（1）确定水准点和水准路线

1）确定水准点。采用水准测量方法，测定的高程达到一定精度的高程控制点，称为水准点（通常简记为 BM）。已具有确切可靠高程值的水准点为已知水准点，没有高程值的待测水准点为未知水准点。水准测量通常是从某一已知水准点开始，按一定水准路线，引测其他点的高程。

水准点可分为永久性和临时性两类：

① 永久性水准点一般用混凝土或石料制成，顶部嵌入半球状金属标志，半球状标志顶点表示水准点的点位，如图 5-11（a）所示，埋深到地面冻结

线以下。有的永久性水准点用金属标志，埋设于坚固建筑物的墙上，称为墙上水准点，如图5-11（b）所示。建筑工地上的永久性水准点一般用混凝土制成，顶部嵌入半球状金属标志，如图5-11（c）所示。

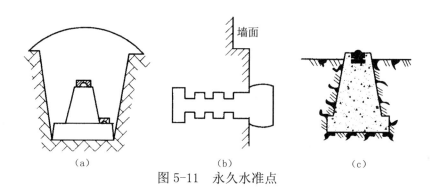

图5-11　永久水准点

② 临时性的水准点可利用地面突起坚硬岩石等处刻画出点位，或用油漆标记在建筑物上，也可用大木桩打入地下，桩面钉以半球状的金属圆帽钉，如图5-12所示。

水准点应布设在稳固、便于保存和引测的地方。埋设水准点后，为便于日后寻找与使用，应绘出水准点与周围固定地物的关系略图，称为点之记。点之记略图式样如图5-13所示。

图5-12　临时水准点

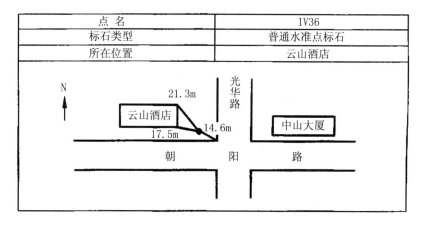

图5-13　水准点点之记

2）确定水准路线。在水准点之间进行水准测量所经过的路线，称为水准路线。相邻两水准点间的水准测量路线，称为一个测段。通常一条水准路线中包含有多个测段，一个测段中包含有多个测站。一个测段中各站高差之和为该测段的起点至终点之高差，各测段高差之和为水准路线的起点至终点之高差。水准仪至水准尺之间的视线长度可通过视距丝读数求得，上丝读数与下丝读数之差再乘以 100 即为视线长度。一个测站的前、后视线长度之和为该站的水准路线长，一个测段中各站水准路线长之和为该测段水准路线的长度，一条水准路线中各测段水准路线长之和为该条水准路线。

按照已知水准点的分布情况和实际需要，在普通工程测量中，水准路线一般布设为附合水准路线、闭合水准路线和支水准路线，其形式如图 5-14 所示。

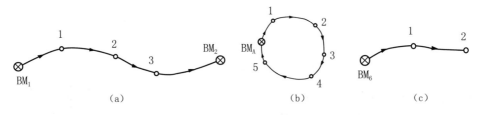

图 5-14　水准路线

从一个已知水准点出发，经过各待测水准点进行水准测量，最后附合到另一已知水准点，所构成的水准路线，称为附合水准路线，如图 5-14（a）所示。理论上，附合水准路线的各点间高差的代数和，应等于两个已知水准点间的高差。

从一个已知水准点出发，经过各待测水准点进行水准测量，最后闭合到原出发点的环形路线，称为闭合水准路线，如图 5-14（b）所示。理论上，闭合水准路线的各点间高差的代数和应等于零。

从一个已知水准点出发，经过各待测水准点进行水准测量，既不闭合又不附合到已知水准点的路线，称为支水准路线，如图 5-14（c）所示。支水准路线要进行往、返观测，以便检核。理论上，往测高差总和与返测高差总和应大小相等、符号相反。

3）水准路线的拟订。首先对测区情况进行调查研究，搜集和分析测区已有的水准测量资料，施测人员亲自到现场踏勘，了解测区现状，核对已有水准点是否保存完好。在此基础上，根据具体任务要求，拟订出比较合理的路线布设方案。如果测区的面积较大，则应先在地形图上进行图上设计。

拟订水准路线时，应以高一等级的水准点为起始点，依据规范要求，较为均匀地布设各水准点的位置。最后，还应绘制出水准路线布设示意略图，图上标出水准点的位置、水准路线，注明水准点的编号和水准路线的等级。此外，还应编制施测计划，其中包括人员编制、仪器设备、经费预算及作业进度表等。

拟订好水准路线后，现场选定水准点位置并埋设水准标石，之后进行水准测量外业观测。

（2）外业观测程序

将水准尺立于已知水准点上作为后视，在施测路线前进方向上的适合位置，放尺垫作为转点，在尺垫上竖立水准尺作为前视，将水准仪安置在与后视、前视尺距离大致相等的地方，前、后视线长度最长不应超过100m。

观测员将仪器粗平后，瞄准后视尺，精平，用中丝读后视读数（读至毫米），记录员复诵并记入手簿；转动望远镜瞄准前视尺，精平后读取中丝读数，记录并立即计算出该站高差。此为第一测站的全部工作。

第一测站结束后，后视标尺员向前转移设转点，观测员将仪器迁至第二测站。此时，第一测站的前视点成为第二测站的后视点，用与第一测站相同的方法进行第二测站的工作。

依次沿水准路线方向施测，至全部路线观测完为止。

2. 内业计算

水准测量外业实测工作结束后，先检查记录手簿，再计算各测段的高差，经检核无误后，绘制观测成果略图，进行水准测量的内业工作。受仪器、观测及外界环境等因素的影响，水准测量的观测总会存在有误差。路线总的误差反映在高差闭合差的值上。水准测量成果计算的目的就是，按照一定的原则，把高差闭合差分配到各测段实测高差中去（在数学意义上消除各段测量误差），得到各段改正后的高差，从而推得未知点的高程。

第六章
普通的测距方法

第一节 钢尺量距的使用方法

施工图上标志的建筑物长度，建筑物与建筑物之间的距离，都是指水平距离，因此施工放线中的测量与测设的距离指的都是两点之间的水平距离。

丈量水平距离最基本的工具是钢尺（图6-1），钢尺的使用方法见表6-1。

图6-1 钢尺

钢尺的使用方法 表6-1

步骤	图示及说明
直线定向	在丈量较长的距离时，为了丈量的方便，保证每一尺段都沿着直线的方向进行，需要在两点之间先定出一些点，并作出标志（对于精确的丈量距离，需要用经纬仪定线）。

续表

步骤	图示及说明
直线定向	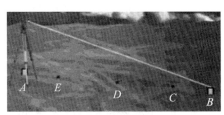 如需要测 AB 两点之间的距离，应先定出 C、D、E 各点。具体方法是安置经纬仪在 A 点，经对中整平后，将望远镜十字丝精确照准 B 点标志。 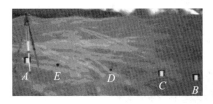 固定经纬仪水平制动螺旋，将望远镜上下移动，在视线上上下指挥使 C 点标杆者到十字丝中心，标记 C 点，随后在 C 点打下 50cm×5cm×5cm 的传距桩。 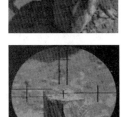  在传距桩顶用经纬仪照准部十字丝定出两点，并连成直线，再做一条垂直于视线的直线，在传距桩十字交叉点与望远镜丝精密重合，这点就是丈量的尺端点。 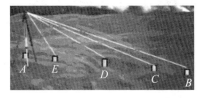 依照同样方法定出 D 点、E 点。

续表

步骤	图示及说明
量距	精密量距组一般需要 6～8 人，2 人拉尺、2 人读数、1 人记录及测温、1～2 人维护现场，特别是在城区人多的地方，一定要注意保护钢尺不受损伤。 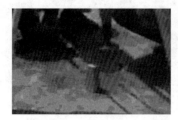 精密量距时应采用经过检定的钢尺进行。量距的方法通常采用"读数法"。开始测量时，后尺手手持挂在钢尺零端铁环内的弹簧秤，前尺手手持钢尺末端的手柄，前尺手将钢尺末端某一整刻画对准木桩顶部"＋"形标记中心点。  发出"预备"的口令，两人同时用力拉尺，当后尺手所拉的弹簧秤指向检定时的拉力，并待钢尺稳定后，回声"好"，此时前、后两读尺员依据"＋"字形标记中心点读出钢尺上的标注值，精确读至毫米位，估读到 0.1mm，并将读取的数据记入观测手簿。 每一尺段要有三组读数，各组读数之间要前后移动尺子 1cm 左右，三组读数计算出的距离，其误差要小于 2mm，否则应重测一组。如未超过限差，应取三次结果的平均值作为该尺段的测量长度。在每一尺段测量过程中，应测定地面温度一次。按上述方法依次测量各个尺段。当往测进行完毕后，应立即进行返测。
测高差	实地钢尺丈量完毕以后，用水准仪将各桩顶尖的高差测出。 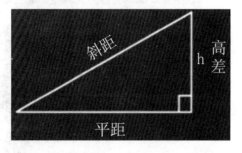 内业计算时以温度尺长改正后的斜距和桩顶尖的高差计算出桩顶尖平距。

第二节 钢尺量距的误差及注意事项

1. 钢尺量距的误差

（1）尺长误差

钢尺的名义长度和实际长度不符，产生尺长误差。尺长误差是积累性的，它与所量距成正比。精密量距时，钢尺虽经检定并在丈量结果中进行了尺长改正，其成果中仍存在尺长误差。

（2）定线误差

钢尺丈量时钢尺偏离定线方向，将使测线成为一折线，导致丈量结果偏大，这种误差称为定线误差。

（3）拉力误差

钢尺有弹性，受拉会伸长。量距时，钢尺在丈量时所受拉力应与检定时拉力相同。如果拉力变化 ±2.6kgf，尺长将改变 ±1mm。一般量距时，主要保持拉力均匀即可。精密量距时，必须使用弹簧秤。

（4）钢尺垂曲误差

钢尺悬空丈量时中间下垂，称为垂曲，由此产生的误差为钢尺垂曲误差。垂曲误差会使量得的长度大于实际长度，故在钢尺检定时，亦可按悬空情况检定，得出相应的尺长方程式。在成果整理时，按此尺长方程式进行尺长改正。

（5）钢尺不水平误差

用平量法丈量时，钢尺不水平，会使所量距离增大。对于30m的钢尺，如果目估尺子水平误差为0.5m(倾角约1°),由此产生的量距误差为4mm。因此,用平量法丈量时应尽可能使钢尺水平。

精密量距时,测出尺段两端点的高差,进行倾斜改正,可消除钢尺不水平的影响。

(6)丈量误差

钢尺端点对不准、测钎插不准、尺子读数不准等引起的误差都属于丈量误差。这种误差对丈量结果的影响可正可负,大小不定。在量距时应尽量认真操作,以减小丈量误差。

(7)温度改正

钢尺的长度随温度变化,丈量时温度与检定钢尺时温度不一致,或测定的空气温度与钢尺温度相差较大,都会产生温度误差。所以,精度要求较高的丈量,应进行温度改正,并尽可能用温度计测定尺温,或尽可能在阴天进行,以减小空气温度与钢尺温度的差值。

2. 钢尺量距注意事项

1)应熟悉钢尺的零点位置和尺面注记。

2)前、后尺手须密切配合,尺子应拉直,用力要均匀,对点要准确,保持尺子水平。读数时应迅速、准确、果断。

3)测钎应竖直、牢固地插在尺子的同一侧,位置要准确。

4)记录要清楚,要边记录边复诵读数。

5)注意保护钢尺,严防钢尺打卷、车轧且不得沿地面拖拉钢尺。前进时,应有人在钢尺中部将钢尺托起。

6)每日用完后,应及时擦净钢尺。若暂时不用,擦拭干净后,还应涂上黄油,以防生锈。

第三节 视距的测量

1. 视距测量的方法

（1）观测

1）如图 6-2 所示，安置经纬仪于测站点 A，对中、整平；量取仪器安置高度 i，读至厘米。

2）在测点 B 上竖立视距尺。

3）用经纬仪盘左位置瞄准视距尺上某一高度，消除视差后，分别读取上、下丝读数至毫米，读取中丝读数至厘米；然后调节竖盘指标水准管微动螺旋，使竖盘指标水准管气泡居中，读取竖盘读数。

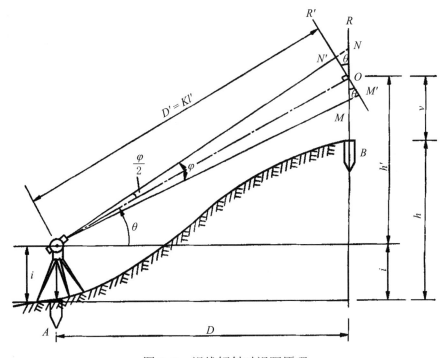

图 6-2 视线倾斜时视距原理

（2）计算

利用电子计算器，首先根据上、下丝读数和竖盘读数，计算出尺间隔 l 和竖直角 θ，然后根据相关公式计算水平距离和高差，并根据测站 A 的已知高程推算测点 B 的高程。

2. 视距常数的测定

为了保证视距测量成果的精度，应经常对仪器的视距常数进行检测。由于 DJ_6 光学经纬仪的加常数 C 约为零，因此在视距测量中一般仅测定乘常数 K。

如图 6-3 所示，首先在平坦地面上选择一条直线，在 A 点打一木桩，并从该点开始，沿直线方向用钢尺依次量取 30m、60m、90m、120m，分别在地面上得 A_1、A_2、A_3、A_4 各点，同时在相应点位上打木桩进行标记；然后，安置经纬仪于 A 点，在盘左或盘右时调节望远镜视线水平，并依次照准 A_1、A_2、A_3、A_4 各点上的视距尺，消除视差后读取各点的上、下丝读数，分别计算出尺间隔 l_1、l_2、l_3、l_4。

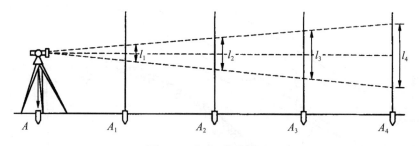

图 6-3 视距常数测定

根据测量出的尺间隔和已知距离，便可计算仪器观测各立尺点时的 K 值，即

$$K_1 = \frac{30}{l_1}, \quad K_2 = \frac{60}{l_2}, \quad K_3 = \frac{90}{l_3}, \quad K_4 = \frac{120}{l_4}$$

乘常数 K 的平均值为

$$\overline{K} = \frac{K_1 + K_2 + K_3 + K_4}{4}$$

乘常数 K 的精度为

$$精度 = \frac{|\overline{K} - 100|}{100} = \frac{1}{\dfrac{100}{|\overline{K} - 100|}}$$

若求出的精度高于 1/1000，计算水平距离和高差时 K 值仍取 100；否则 K 值应为实测值。

---

3. 视距测量的误差及注意事项

1）读数误差。

用视距丝读取视距间隔的误差与尺子最小分划的宽度、距离远近、望远镜的放大倍率及成像清晰程度等因素有关。若视距间隔仅有 1mm 的差异，将使距离产生近 0.1m 的误差。所以读数时一定要仔细，并认真消除视差。为了减少读数误差的影响，可用上丝或下丝对准尺上的整分划数，然后用另一根视距丝估读出视距读数，同时视距测量的施测距离也不宜过大。

2）视距尺倾斜引起的误差。

当标尺前倾时，所得尺间隔变小；当标尺后仰时，尺间隔增大。倾斜角越大，对距离影响也越大。因此，为了减小它的影响，应使用装有圆水平器的视距尺，观测时尽可能使视距尺竖直。

3）视距常数 K 不准确的误差。

视距常数 K 值通常为 100；但是由于仪器制造的误差以及温度变化的影响，使实际的 K 值并不准确等于 100。如仍按 $K = 100$ 计算，就会使所测距离含有误差。因此，每台仪器均要严格检查其视距常数值，如测得的 K 值在 99.95 ～ 100.05 之间，使用时便可把它当成 100，否则应采用实测的 K 值。

4）垂直折光差的影响。

视距尺不同部分的光线是通过不同密度的空气层到达望远镜的，越接近地面的光线受折光影响越显著。因此在阳光下作业时，应使视线离开地面 1m

左右，这样可以减少垂直折光差。

此外，如视距尺刻画误差、竖直角观测误差都将影响视距测量精度。

第四节 光电测距仪的操作与使用

1. 安置仪器

先在测站上安置好经纬仪，对中、整平后，将测距仪主机安装在经纬仪支架上，用连接器固定螺栓锁紧，将电池插入主机底部、扣紧。在目标点安置反射棱镜，对中、整平，并使镜面朝向主机。

2. 观测垂直角、气温和气压

用经纬仪十字横丝照准觇板中心，测出垂直角 α。同时，观测和记录温度和气压计上的读数。观测垂直角、气温和气压，目的是对测距仪测量出的斜距进行倾斜改正、温度改正和气压改正，以得到正确的水平距离。

3. 测距准备

按电源开关键"PWR"开机，主机自检并显示原设定的温度、气压和棱镜常数值，自检通过后将显示"good"。

若修正原设定值，可按"TPC"键后输入温度、气压值或棱镜常数（一般通过"ENT"键和数字键逐个输入）。一般情况下，只要使用同一类的反光镜，棱镜常数不变，而温度、气压每次观测均可能不同，需要重新设定。

4. 距离测量

调节主机照准轴水平调整手轮（或经纬仪水平微动螺旋）和主机俯仰微动螺旋，使测距仪望远镜精确瞄准棱镜中心。在显示"good"状态下，精确瞄准也可根据蜂鸣器声音来判断，信号越强声音越大，上下左右微动测距仪，使蜂鸣器的声音最大，便完成了精确瞄准，出现"*"。

精确瞄准后，按"MSR"键，主机将测定并显示经温度、气压和棱镜常数改正后的斜距。在测量中，若光束受挡或大气抖动等，测量将暂被中断，此时"*"消失，待光强正常后继续自动测量；若光束中断30s，待光强恢复后，再按"MSR"键重测。

斜距到平距的改算，一般在现场用测距仪进行，方法是：按"V/H"键后输入垂直角值，再按"SHV"键显示水平距离。连续按"SHV"键可依次显示斜距、平距和高差。

第五节 电磁波测量仪器

目前地面上的电磁波测距一般都采用相位测距法。

电磁波测距仪根据载波为光波或微波而有光电测距仪和微波测距仪之分。前者又因光源和电子部件的改进，发展成为激光测距仪和红外测距仪。

1. 光电测距仪

早期的光电测距仪采用电子管线路，以白炽灯或高压水银灯作为光源，体型大，测程较短，而且只能在夜间观测。

在发展激光测距仪的同时，20世纪60年代中期出现了红外测距仪。它的优点是体型小，发光效率高；更由于微型计算机和大规模集成电路的应用，再与电子经纬仪结合，于是形成了具备测距、测角、记录、计算等多功能的测量系统，有人称之为电子全站仪或电子速测仪。目前这种仪器的型号很多，测程一般可达 5 公里，有的更长，测距精度为 $\pm$（5mm $+$ 3$\times$10D），广泛用于城市测量、工程测量和地形测量。

2. 微波测距仪

原理是将测距频率调制在载波上，由主台发射出去，经副台接收和转送回来之后，测量调制波的相位。确定测线上整周期数 n 和相位差 $/2\pi$ 的原理与光电测距相同。早期的微波测距仪为了测定相位差，使发射的调制波在阴极射线管上产生一个圆形扫迹；返回信号则变换成为脉冲，它使圆形扫迹产生一个缺口，其位置表示发射信号与返回信号的相位差。以后改用移相平衡原理测定相位差。从 1956 年到 70 年代中期，微波测距仪有了重大改进。它经历了电子管、晶体管和集成电路 3 个阶段，重量减轻，体积缩小，耗电量下降，并提高载波频率以缩小波束角，提高调制频率使测距读数更为精确。此外，它还有全天候和测程远（可达到 100 公里）的优点，因此是一种很方便的测距仪器。但因它的波束角比光电测距仪的大，多路径效应严重，地表和地物的反射波使接收波的组成极为复杂，而又无法区分，给观测结果带来误差。此外，大气湿度对微波测距的影响相当大，而在野外湿度又难于测定。因此，微波测距的精度低于光电测距。

第六节 DCH_3-1 型红外测距仪及其使用

1. 仪器的结构

电磁波测距仪的型号较多，但其基本结构相似，主要由照准头、微处系统、电源等组成。照准头一般包括光源系统、发射系统和接收系统，光源系统发出光波，并经过调制变为调制波，由发射系统发射至待测目标后，又被反射回到接收系统；接收系统将收到的信号转换成电信号，最后送到微处理系统进行处理，并由显示器输出测量结果。

图 6-4 所示为 DCH_3-1 型红外测距仪，其主机通过连接装置安置在经纬仪上部，并利用光轴调节螺旋，使主机的发射与接收器光轴和经纬仪视准轴位于同一竖直面内。另外，测距仪横轴到经纬仪横轴的高度与觇牌黄色靶心到反射棱镜的高度一致，从而使经纬仪瞄准觇牌中心的视线与测距仪瞄准反射棱镜中心的视线保持平行。

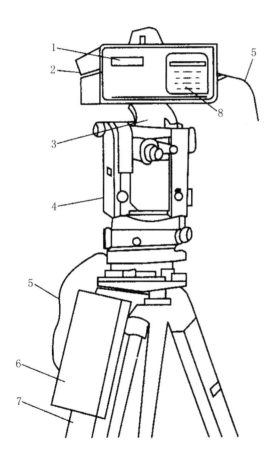

图 6-4　DCH_3-1 型红外测距仪

1—显示屏；2—测距仪；3—连接装置；
4—光学经纬仪；5—电线；6—电池；
7—三脚架；8—键盘

反射棱镜的作用是使由主机发出的测距信号经棱镜反射后回到接收系统；棱镜安置在专用的三脚架上，并由光学对中器和水准管进行对中、整平。根据所测距离的远近，可选用单棱镜或三棱镜，如图 6-5 所示。

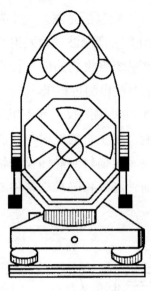

图 6-5 单棱镜

2. DCH_3-1 型测距仪主要技术指标及功能

（1）技术指标

1）测程。在标准大气和 $-20 \sim +50℃$ 温度条件下，利用单棱镜时，最大测程为 1000m；三棱镜时，最大测程为 3000m；最短测程小于等于 0.2m。

2）测距误差。测距误差分为两部分，一部分是与距离成比例的比例误差，即光速值误差、大气折射率误差和测距频率误差；另一部分是与距离无关的固定误差，即测相误差、加常数误差、对中误差。测距中误差的表达式为

$$m_D = \pm (a + bD)$$

式中：m_D——测距中误差，mm；

a——固定误差，mm；

b——比例误差，$\times 10^{-6}$；

D——距离，km。

DCH_3-1 型测距仪的测距中误差为 $\pm (3mm + 2 \times 10^{-6} \times D)$，即当距离为 1km 时，测距精度是 $\pm 5mm$。

3）测量时间。单次测量所需时间为 10s，跟踪测量所需时间为 0.5s。

（2）仪器的功能

1）自检功能。仪器启动后自检，测距功能正常、精度符合要求时，显示"⬜0.000m"；否则显示"ERROR"。

2）测距方式选择。共有五种测距方式供选择，即单次测量、跟踪用单棱镜倾斜误差自动修正单次测量（按 SP 键）、平均值测量（按 M 键）、跟踪用单棱镜倾斜误差自动修正平均值测量（按 SM 键）、跟踪测量（按 Tr 键）。

3）置数功能。可置入和校验各种参数及单位转换。

4）读数选择。根据测得的斜距和置入的角度值（水平角、竖直角、方位角），按需要取出和显示计算的结果，如斜距值⬜、平距值△等。

5）具有挡光停测、通光续测控制电路。只要通光积累时间达到一次测量所需的时间，便能得到一次完整的正确测量结果，适用于车多人繁的市区作业。

3. DCH₃-1 型测距仪的基本操作

（1）安置仪器

在测站上安置经纬仪，用光学对中器对中（误差不大于 1mm）、整平后，再将测距仪主机安装在经纬仪支架上，并用连接装置固定螺丝锁紧，然后将电池挂于三脚架腿上；在目标点安置反射棱镜，对中、整平，并目估使棱镜面朝向主机。

（2）观测竖直角、气温和气压

用经纬仪十字丝横丝照准反射棱镜的黄色靶心，进行竖直角测量，读、记天顶距；同时，将温度计置于地面 1m 以上的通风处，并打开气压表，然后观测和记录温度、气压。观测竖直角、气温和气压，目的是对测距仪测量出的斜距进行倾斜改正、温度改正和气压改正，以得到正确的水平距离。

（3）测距准备

按压测距仪操作面板上的"ON"键开机，仪器主机进行自检，显示"BOLF CHINA"，并依次显示"0000000，1111111，…，9999999，0000000"；然后，进行内部校验，自检合格后显示"▱ 0.000m"，这时仪器处于待测状态；若仪器工作不正常，则显示"ERROR"。

（4）距离测量

瞄准反射棱镜后按"SIG"键，有回光信号时，显示屏上出现横道线"－－－－－"，同时听到蜂鸣器音响信号，回光信号越强，出现的横道线越多，蜂鸣器声音越高；按"STA"状态键，选择测距方式；按"SET"置数键，输入天顶距、水平角、温度、气压值等；按"MEAS"键，启动测量，显示最后一瞬的测量结果；按"FUC"功能键，根据测得的斜距和置入的角度，自动计算其结果，显示◺和高差值、◿及水平距离值、x 和 x 增量值、y 和 y 增量值。

（5）仪器充电

DCH_3-1 型测距仪的功耗为6W，需要充电时，应将充电器接入 220V 电源，一次给电池充电时间为 10 ～ 14h，充满后为 10 ～ 11V。

第七章
全站仪的使用

第一节 全站仪的分类

全站仪，即全站型电子测距仪，是一种集光、机、电为一体的高技术测量仪器，是集水平角、垂直角、距离（斜距、平距）、高差测量功能于一体的测绘仪器系统。因其一次安置仪器就可完成该测站上全部测量工作，所以称之为全站仪。广泛用于地上大型建筑和地下隧道施工等精密工程测量或变形监测领域。

全站仪采用了光电扫描测角系统，其类型主要有：编码盘测角系统、光栅盘测角系统及动态（光栅盘）测角系统三种。

1. 按外观结构分类

1）积木型（又称组合型）。早期的全站仪，大都是积木型结构，即电子速测仪、电子经纬仪、电子记录器各是一个整体，可以分离使用，也可以通过电缆或接口把它们组合起来，形成完整的全站仪。

2）整体型。随着电子测距仪进一步的轻巧化，现代的全站仪大都把测距、测角和记录单元在光学、机械等方面设计成一个不可分割的整体，其中测距仪的发射轴、接收轴和望远镜的视准轴为同轴结构。这对保证较大垂直角条件下的距离测量精度非常有利。

2. 按测量功能分类

1）经典型全站仪。经典型全站仪也称为常规全站仪，它具备全站仪电子测角、电子测距和数据自动记录等基本功能，有的还可以运行厂家或用户自主开发的机载测量程序。

2）机动型全站仪。在经典全站仪的基础上安装轴系步进电机，可自动驱动全站仪照准部和望远镜的旋转。在计算机的在线控制下，机动型系列全站仪可按计算机给定的方向值自动照准目标，并可实现自动正、倒镜测量。

3）无合作目标型全站仪。无合作目标型全站仪是指在无反射棱镜的条件下，可对一般的目标直接测距的全站仪。因此，对不便安置反射棱镜的目标进行测量，无合作目标型全站仪具有明显优势。

4）智能型全站仪。在机动化全站仪的基础上，仪器安装自动目标识别与照准的新功能，因此在自动化的进程中，全站仪进一步克服了需要人工照准目标的重大缺陷，实现了全站仪的智能化。在相关软件的控制下，智能型全站仪在无人干预的条件下可自动完成多个目标的识别、照准与测量，因此，智能型全站仪又称为"测量机器人"。

3. 按测距仪测距分类

1）短距离测距全站仪。测程小于 3km，一般精度为 ±（5mm + 5ppm），主要用于普通测量和城市测量。

2）中测程全站仪。测程为 3 ～ 15km，一般精度为 ±（5mm + 2ppm），±（2mm + 2ppm），通常用于一般等级的控制测量。

3）长测程全站仪。测程大于 15km，一般精度为 ±（5mm ＋ 1ppm），通常用于国家三角网及特级导线的测量。

第二节 全站仪的结构及使用

1. 结构

全站仪几乎可以用在所有的测量领域。电子全站仪由电源部分、测角系统、测距系统、数据处理部分、通信接口、显示屏、键盘等组成（图 7-1）。

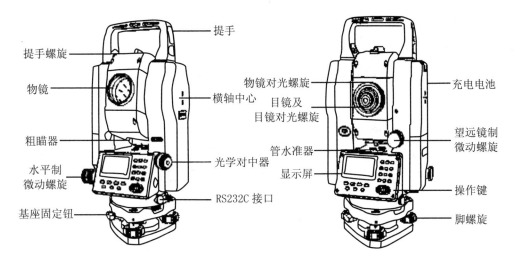

图 7-1　全站仪结构图

同电子经纬仪、光学经纬仪相比，全站仪增加了许多特殊部件，因而使得全站仪具有比其他测角、测距仪器更多的功能，使用也更方便。这些特殊部件构成了全站仪在结构方面独树一帜的特点。

（1）同轴望远镜

全站仪的望远镜实现了视准轴、测距光波的发射、接收光轴同轴化。同轴化的基本原理是：在望远物镜与调焦透镜间设置分光棱镜系统，通过该系统实现望远镜的多功能，即可瞄准目标，使之成像于十字丝分划板，进行角度测量。同时其测距部分的外光路系统又能使测距部分的光敏二极管发射的调制红外光在经物镜射向反光棱镜后，经同一路径反射回来，再经分光棱镜作用使回光被光电二极管接收；为测距需要在仪器内部另设一内光路系统，通过分光棱镜系统中的光导纤维将由光敏二极管发射的调制红外光传送给光电二极管接收，进而由内、外光路调制光的相位差间接计算光的传播时间，计算实测距离。

同轴性使得望远镜一次瞄准即可实现同时测定水平角、垂直角和斜距等全部基本测量要素的测定功能。加之全站仪强大、便捷的数据处理功能，使全站仪使用极其方便。

（2）双轴自动补偿

在仪器的检验校正中已介绍了双轴自动补偿原理，作业时若全站仪纵轴倾斜，会引起角度观测的误差，盘左、盘右观测值取中不能使之抵消。而全站仪特有的双轴（或单轴）倾斜自动补偿系统，可对纵轴的倾斜进行监测，并在度盘读数中对因纵轴倾斜造成的测角误差自动加以改正（某些全站仪纵轴最大倾斜可允许至 $\pm 6'$）。也可通过将由竖轴倾斜引起的角度误差，由微处理器自动按竖轴倾斜改正计算式计算，并加入度盘读数中加以改正，使度盘显示读数为正确值，即所谓纵轴倾斜自动补偿。

双轴自动补偿所采用的构造（现有水平，包括 Topcon，Trimble）：使用一水泡（该水泡不是从外部可以看到的，与检验校正中所描述的不是一个水泡）来标定绝对水平面，该水泡是中间填充液体，两端是气体。在水泡的上部两侧各放置一发光二极管，而在水泡的下部两侧各放置一光电管，用一接收发光二极管透过水泡发出的光。而后，通过运算电路比较两二极管获得的光的强度。当在初始位置，即绝对水平时，将运算值置零。当作业中全站仪器倾斜时，运算电路实时计算出光强的差值，从而换算成倾斜的位移，将此信息传达给控制系统，以决定自动补偿的值。自动补偿的方式除由微处理器计算后修正输出外，还有一种方式即通过步进马达驱动微型丝杆，把此轴方向上的偏移进行补正，从而使轴时刻保证绝对水平。

（3）键盘

键盘是全站仪在测量时输入操作指令或数据的硬件，全站型仪器的键盘和显示屏均为双面式，便于正、倒镜作业时操作。

（4）存储器

全站仪存储器的作用是将实时采集的测量数据存储起来，再根据需要传送到其他设备如计算机等中，供进一步的处理或利用，全站仪的存储器有内存储器和存储卡两种。

全站仪内存储器相当于计算机的内存（RAM），存储卡是一种外存储媒体，又称 PC 卡，作用相当于计算机的磁盘。

（5）通信接口

全站仪可以通过 BS-232C 通信接口和通信电缆将内存中存储的数据输入计算机，或将计算机中的数据和信息经通信电缆传输给全站仪，实现双向信息传输。

2. 使用

（1）安置全站仪

将全站仪安置于测站，反射棱镜安置于目标点。对中及整平方法与光学经纬仪相同。新型全站仪还具有激光对点功能，其对中方法为：安置、整平仪器，开机后打开激光对点器，松开仪器的中心连接螺旋，在架头上轻移仪器，使显示屏上的激光对点器的光斑对准地面测站点的标志，然后拧紧连接螺旋，同时旋转脚螺旋使管水准气泡居中，再按 ESC 键自动关闭激光对点器即可。仪器具有双轴补偿器，整平后气泡略有偏差，但对测量并无影响。

（2）开机

打开电源开关（按下 POWER 键），显示器显示当前的棱镜常数和气象改正数及电源电压。如电量不足，应及时更换电池。

（3）仪器自检

转动照准部和望远镜各一周，对仪器水平度盘和竖直度盘进行初始化（有的仪器无需初始化）。

（4）设置参数

棱镜常数的检查与设置：检查仪器设置的常数是否与仪器出厂时给定的常数或检定后的常数一致，不一致时应予以改正。气象改正参数设置：可直接输入气象参数（环境气温 t 与气压 p），或从随机所带的气象改正表中查取改正参数，还可利用公式计算，然后再输入气象改正参数。

（5）进行角度、距离、坐标测量

在标准测量状态下，角度测量模式、斜距测量模式、平距测量模式和坐标测量模式之间可互相切换。全站仪精确照准目标后，通过不同测量模式之间的切换，可得到所需的观测值。

（6）照准、测量

方向测量时应照准标杆或觇牌中心，距离测量时应瞄准反射棱镜中心，按测量键显示水平角、垂直角和斜距，或显示水平角、水平距离和高差。

（7）结束

测量完成，关机。

3. 全站仪数据的采集

全站仪数据的采集，详见表 7-1。

全站仪数据的采集　　　　　　　　　　　　　　　表 7-1

项目	图示及步骤
设置测站点	1）按 M 键进入主菜单。 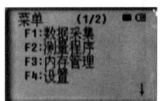 2）按 F1 键选择数据采集，选择一个文件；按回车键确认；按 F1 键选择测站点。 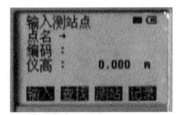 3）按 F3 测站点键。 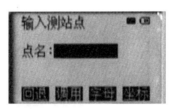 4）按 F4 坐标键进入测站点坐标输入界面。 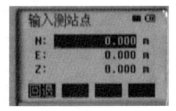

续表

项目	图示及步骤
设置测站点	5）分别输入坐标 N、E、Z 的值，按回车键确认。  6）按 F4 记录键；按 F4 "是" 键则完成测站点的设置。 
设置后视点	1）在数据采集菜单中，按 F2 输入后视点键。 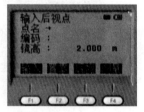 2）按 F3 后视键进入到后视点设置界面。  3）按 F4 坐标键，进入到后视点坐标输入界面。 

续表

项目	图示及步骤
设置后视点	4）输入后视点坐标，按回车键确认。 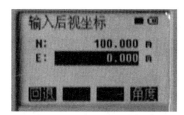 5）按 F4 测量键。 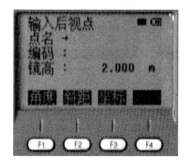 6）按 F1 角度键显示后视方位角。 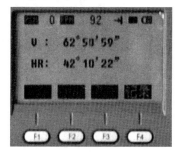 7）按 F4 记录键，完成对后视点的设置。
开始数据采集	1）在数据采集菜单中按 F3。 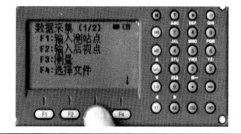 

续表

项目	图示及步骤
开始数据采集	2）按 F1 输入键。  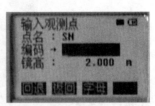 3）输入观测点点名，按同样方法输入编码与棱镜高后，按回车键确认。 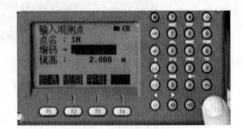 4）按 F3 测量键。  5）按 F3 坐标键，开始坐标测量。 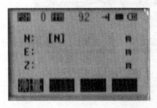 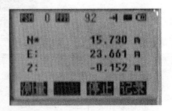 6）测量完成后按 F4 记录键，则保存坐标数据。  7）按 F4 同前键，可以按照前一种测量方法继续下一个点的测量。

第三节 全站仪的测量功能

全站仪具有角度测量、距离（斜距、平距、高差）测量、三维坐标测量、导线测量、交会定点测量和放样测量等多种用途。内置专用软件后，功能还可进一步拓展。

全站仪的基本操作与使用方法如下。

1. 水平角测量

1）按角度测量键，使全站仪处于角度测量模式，照准第一个目标 A。

2）设置 A 方向的水平度盘读数为 $0°00'00''$。

3）照准第二个目标 B，此时显示的水平度盘读数即为两方向间的水平夹角。

2. 距离测量

1）设置棱镜常数。测距前须将棱镜常数输入仪器中，仪器会自动对所测距离进行改正。

2）设置大气改正值或气温、气压值。光在大气中的传播速度会随大气的温度和气压而变化，15℃和760mmHg是仪器设置的一个标准值，此时的大气改正为0ppm。实测时，可输入温度和气压值，全站仪会自动计算大气改正值（也可直接输入大气改正值），并对测距结果进行改正。

3）量仪器高、棱镜高并输入全站仪。

4）距离测量。照准目标棱镜中心，按测距键，距离测量开始，测距完成时显示斜距、平距、高差。

全站仪的测距模式有精测模式、跟踪模式、粗测模式三种。精测模式是最常用的测距模式，测量时间约2.5s，最小显示单位1mm；跟踪模式，常用于跟踪移动目标或放样时连续测距，最小显示一般为 1cm，每次测距时间约 0.3s；粗测模式，测量时间约 0.7s，最小显示单位 1cm 或 1mm。在距离测量或坐标测量时，可按测距模式（MODE）键选择不同的测距模式。

应注意，有些型号的全站仪在距离测量时不能设定仪器高和棱镜高，显示的高差值是全站仪横轴中心与棱镜中心的高差。

3. 坐标测量

1）设定测站点的三维坐标。

2）设定后视点的坐标或设定后视方向的水平度盘读数为其方位角。当设定后视点的坐标时，全站仪会自动计算后视方向的方位角，并设定后视方向的水平度盘读数为其方位角。

3）设置棱镜常数。

4）设置大气改正值或气温、气压值。

5）量仪器高、棱镜高并输入全站仪。

6）照准目标棱镜，按坐标测量键，全站仪开始测距并计算显示测点的三维坐标。

4. 全站仪的数据通信

全站仪的数据通信是指全站仪与电子计算机之间进行的双向数据交换。全站仪与计算机之间的数据通信的方式主要有两种，一种是利用全站仪配置的 PCMCIA（个人计算机存储卡国际协会，简称 PC 卡，也称存储卡）卡进行数字通信，特点是通用性强，各种电子产品间均可互换使用；另一种是利用全站仪的通信接口，通过电缆进行数据传输。

第四节 全站仪的检验及注意事项

1. 检验

（1）照准部水准轴应垂直于竖轴的检验和校正

检验时先将仪器大致整平，转动照准部使其水准管与任意两个脚螺旋的连线平行，调整脚螺旋使气泡居中，然后将照准部旋转180°，若气泡仍然居中则说明条件满足，否则应进行校正。

校正的目的是使水准管轴垂直于竖轴。即用校正针拨动水准管一端的校正螺钉，使气泡向正中间位置退回一半。为使竖轴竖直，再用脚螺旋使气泡居中即可。此项检验与校正必须反复进行，直到满足条件为止。

（2）十字丝竖丝应垂直于横轴的检验和校正

检验时用十字丝竖丝瞄准一清晰小点，使望远镜绕横轴上下转动，如果小点始终在竖丝上移动则条件满足，否则需要进行校正。

校正时松开四个压环螺钉（装有十字丝环的目镜用压环和四个压环螺钉与望远镜筒相连接）。转动目镜筒使小点始终在十字丝竖丝上移动，校好后将压环螺钉旋紧。

（3）横轴应垂直于竖轴的检验和校正

选择较高墙壁近处安置仪器，以盘左位置瞄准墙壁高处一点 p（仰角最好大于30°），放平望远镜在墙上定出一点 m_1。倒转望远镜，盘右再瞄准 p 点，又放平望远镜在墙上定出另一点 m_2。如果 m_1 与 m_2 重合，则条件满足，否则需要校正。校正时，瞄准 m_1、m_2 的中点 m，固定照准部，向上转动望远镜，此时十字丝交点将不对准 p 点。抬高或降低横轴的一端，使十字丝的交

点对准 p 点。此项检验也要反复进行，直到条件满足为止。以上四项检验校正，以一、三、四项最为重要，在观测期间最好经常进行。每项检验完毕后必须旋紧有关的校正螺钉。

---

2. 注意事项

1）使用前应先阅读说明书，对仪器进行全面的了解，然后着重学习一些基本操作，如测角、测距、测坐标、数据存储和系统设置。在此基础上再掌握其他如导线测量、放样等测量方法，然后可进一步学习并掌握存储卡的使用。

2）全站仪安置在三脚架之前，应检查三脚架的三个伸缩螺旋是否旋紧。利用连接螺旋仪器将其固定在三脚架上之后才能放开仪器。操作者在操作过程中不得离开仪器。

3）切勿在开机状态下插拔电缆，电缆和插头应保持清洁、干燥，插头如有污物应进行清理。

4）电子手簿应定期进行检定或检测，并进行日常维护。

5）电池充电时间不能超过专用充电器规定的充电时间，否则可能会将电池烧坏或缩短电池的使用寿命。如果使用快速充电器，一般只需 $60 \sim 80\mathrm{min}$。电池如果长期不用，应每个月充一次电。存放温度宜为 $0 \sim 40℃$。

6）望远镜不能直接被太阳照准，以防损坏测距部发光二极管。

7）在阳光下或雨天测量使用时，应打伞遮阳和遮雨。

8）仪器应保持干燥，遇雨后应立即将仪器擦干，放在通风处，待仪器完全晾干后方可装箱。仪器应保持清洁、干燥。由于仪器箱密封程度很好，所以箱内潮湿将会损坏仪器。

9）凡迁站均应先关闭电源并将仪器取下装箱搬运。

10）全站仪长途运输或长久使用及温度变化较大时，宜重新测定并存储视准轴误差及竖盘指标差。

第八章
沉降观测与竣工测量

第一节 沉降观测的基本知识

1. 沉降观测的周期

沉降观测的周期应能反映出建筑物的沉降变形规律，建（构）筑物的沉降观测对时间有严格的限制条件，特别是首次观测必须按时进行，否则沉降观测得不到原始数据，从而使整个观测得不到完整的观测结果。其他各阶段的复测，根据工程进展情况必须定时进行，不得漏测或者补测，只有这样，才能得到准确的沉降情况或者规律。一般认为建筑在砂类土层上的建筑物，其沉降在施工期间已大部分完成，而建筑在黏土类土层上的建筑物，其沉降在施工期间只是整个沉降量的一部分，沉降周期是变化的。根据工作经验，在施工阶段，观测的频率要大些，一般按 3 天、7 天、15 天确定观测周期，或者按层数、荷载的增加确定观测周期，观测周期具体应视施工过程中地基与加荷而定。如暂时停工时，在停工时和重新开工时均应各观测一次，以便检验停工期间建筑物沉降变化情况，为重新开工后沉降观测的方式、次数是否应调整作判断依据。在竣工后，观测的频率可以少些，视地基土类型和沉降速度的大小而定，一般有一个月、两个月、三个月、半年与一年等不同周期。沉降是否进入稳定阶段，应由沉降量与时间关系曲线判定。对重点观测和科研项目工程，如果最后三个周期观测中每周期的沉降量不大于 2 倍的测量中误差，可认为已进入稳定阶段。一般工程的沉降观测，如果沉降速度小于 0.01 ~ 0.04mm/d，可认为进入稳定阶段，具体取值应根据各地区地基土的压缩性确定。

2. 沉降观测施测过程

根据编制的沉降施测方案及确定的观测周期，首次观测应在观测点稳固后及时进行。一般高层建筑物有一层或者数层地下结构，首次观测应自基础开始，在基础的纵横轴线上按设计好的位置埋设沉降观测点（临时的），待临时观测点稳固好，方可进行首次观测。首次观测的沉降观测点高程值是以后各次观测用以比较的基础，其精度要求非常高，施测时一般用 N2 级精密水准仪，并且要求每个观测点首次高程应在同期观测两次，比较观测结果，如果同一观测点间的高差不超过 ±0.5mm 时，即可认为首次观测的数据是可靠的。随着结构每升高一层，临时观测点移上一层并进行观测，直到 +0.000 然后按规定埋设永久观测点（为便于观测可将永久观测点设于 +500mm），然后每施工一层就复测一次，直至竣工。

在施工打桩、基坑开挖以及基础完工后，上部不断加层的阶段进行沉降观测时，必须记载每次观测的施工进度、增加荷载量、仓库进（出）货吨位、建筑物倾斜裂缝等各种影响沉降变化和异常的情况。每周观测后，应及时对观测资料进行整理，计算出观测点的沉降量、沉降差以及本周期平均沉降量和沉降速度。如果出现变化量异常，应立即通知委托方，为其采取防患措施提供依据，同时适当增加观测次数。

另外，不同周期的观测应遵循"五定"原则。所谓"五定"，即通常所说的沉降观测依据的基准点、基点和被观测物上沉降观测点，点位要稳定；所用仪器、设备要稳定；观测人员要稳定；观测时的环境条件基本上要固定；观测路线、镜位、程序和方法要固定。以上措施在客观上能保证尽量减少观测误差的主观不确定性，使所测的结果具有统一的趋向性；能保证各次复测结果与首次观测结果的可比性一致，使所观测的沉降量更真实。

第二节 竣工测量

工程竣工测量是真实反映施工后建（构）筑物实际位置的最终表现，也是后续阶段设计和管理的重要依据，特别是地下管线因其具有特殊性，如在施工过程中不及时测定其准确位置，将为今后的测量、管理带来困难和损失。

1. 竣工测量的主要任务

1）在新建或扩建工程时，为了检验设计的正确性，阐明工程竣工的最终成果，作为竣工后的技术资料，必须提交出竣工图。如为阶段施工，则每一阶段工程竣工后，应测制阶段工程竣工图，以便作为下一阶段工程设计的依据。

2）旧工程扩建和改建原有工程时，必须取得原有工程实际建（构）筑物的平面及高程位置，为设计提供依据（实测总平面图）。

为满足新建工程建成投产后进行生产管理和变形观测的需要，必须提供工程竣工图。

2. 施测竣工图的原则

1）控制测量系统应与原有系统保持一致；原有系统无法使用时，需重建新的控制系统，重测全部竣工图。

2）测量控制网必须有一定的精度指标。从工程勘察阶段开始，就要布设符合竣工图测量精度要求的控制网，并兼顾施工放样。

3）充分利用已有的测量和设计的资料，按需施测、适当取舍。

3. 竣工图的内容（以工业厂区竣工图为例）

工业厂区竣工图一般包括厂区现状图、辅助图、剖面图、专业分图、技术总结报告和成果表。

4. 施测竣工图的要求和方法

竣工图图幅一般为 $50cm \times 50cm$。比例尺一般与设计总平面图比例尺一致，必须考虑图面负荷、识读方便及图解精度。坐标和高程系统尽量保持原控制系统，必要时重建。竣工图测量的精度要求须满足《工程测量规范（附条文说明）》（GB 50026—2007）的规定。

竣工测量的施测方法可参照地形图测绘方法，测量内容主要应包括测量控制点、厂房辅助设施、生活福利设施、架空及地下管线、道路的转向点等建（构）筑物的坐标（或尺寸）和高程，以及留置空地区域的地形。

第三节 竣工总平面图的编制

1. 编绘竣工总平面图的意义

工业企业和民用建设工程是根据设计的总平面图进行施工，但是，在施工过程中，可能由于设计时没有考虑到的原因而使设计的位置发生变更，因此工程的竣工位置不可能与设计位置完全一致。此外，在工程竣工投产以后的经营过程中，为了顺利地进行维修，及时消除地下管线的故障，并考虑到为将来企业的改建或扩建准备充分的资料，一般应编绘竣工总平面图。竣工总平面图及附属资料，也是考察和研究工程质量的依据之一。

编绘竣工总平面图，需要在施工过程中收集一切有关的资料，加以整理，及时进行编绘。为此，在开始建设时即应有所考虑和安排。

2. 编绘竣工总平面图的方法和步骤

（1）绘制前准备

1）决定竣工总平面图的比例尺

竣工总图的比例尺，宜为 1:500。其坐标系统、图幅大小、注记、图例符号及线条，应与原设计图一致。原设计图没有的图例符号，可使用新的图例符号，并应符合现行总平面图设计的有规定。

2）绘制竣工总平面图图底坐标方格网

为了能长期保存竣工资料，竣工总平面图应采用质量较好的图纸。聚酯薄膜是我国新近的化工产品，具有坚韧、透明、不易变形等特性，可用作图纸。

编绘竣工总平面图，首先要在图纸上精确地绘出坐标方格网。一般使用杠规和比例尺来绘制。

坐标格网画好后，应即进行检查。用直尺检查有关的交叉点是否在同一直线上；同时用比例尺量出正方形的边长和对角线长，视其是否与应有的长度相等。图廓之对角线绘制容许误差为 ±1mm。

3）展绘控制点

以图底上绘出的坐标方格网为依据，将施工控制网点按坐标展绘在图上。展点对所临近的方格而言，其容许误差为 ±0.3mm。

4）展绘设计总平面图

在编绘竣工总平面图之前，根据坐标格网，先将设计总平面图的图面内容按其设计坐标，用铅笔展绘于图纸上，作为底图。

（2）竣工总平面图的室内编绘

1）绘制竣工总平面图的依据

① 设计总平面图、单位工程平面图、纵横断面图和设计变更资料。

② 定位测量资料、施工检查测量及竣工测量资料。

2）根据设计资料展点成图

凡按设计坐标定位施工的工程，应以测量定位资料为依据，按设计坐标（或相对尺寸）和标高编绘。建筑物和构筑物的拐角、起止点、转折点应根据坐标数据展点成图；对建筑物和构筑物的附属部分，如无设计坐标，可用相对尺寸绘制。若原设计变更，则应根据设计变更资料编绘。

3）根据竣工测量资料或施工检查测量资料展成图

在工业及民用建筑施工过程中，在每一个单位工程完成以后，应该进行竣工测量，提出该工程的竣工测量成果。

凡有竣工测量资料的工程，若竣工测量成果与设计值之比差不超过所规定的定位容差时，按设计值编绘；否则，应按竣工测量资料编绘。

4）展绘竣工位置时的要求

根据上述资料编绘成图时，对于厂房应使用黑色墨线绘出该工程的竣工位置，应在图上注明工程名称、坐标和标高及有关说明。对于各种地上、地下管线，应用各种不同颜色的墨线绘出其中心位置，注明转折点及井位的坐标、标高及有关说明。在一般没有设计变更的情况下，墨线绘的竣工位置与按设计原图用铅笔绘的设计位置应该重合，坐标与标高数据与设计值比较会有微小出入。随着施工的进展，逐渐在底图上将铅笔线都绘成墨线。

在图上按坐标展绘工程竣工位置时，和在图底上展绘控制点的要求一样，均以坐标格网为依据进行展绘，展间对邻近的方格而言，其容差为 ±0.3mm。

（3）编绘竣工总平面图时的现场实测工作

凡属下列情况之一者，必须进行现场实测，以编绘竣工总平面图：

1）由于未能及时提出建筑物或构筑物的设计坐标，在现场指定施工位置的工程。

2）设计图上只标明工程与地物的相对尺寸，无法推算坐标和标高。

3）由于设计多次变更，无法查对设计资料。

4）竣工现场的竖向布置、围墙和绿化情况，施工后尚保留的大型临时设施。

为了进行实测工作，可以利用施工期间使用的平面控制点和水准点进行施测。如原有的控制点不够使用时，应补测控制点。

建筑物或构筑物的竣工位置应根据控制点采用极坐标法或直角坐标法实测其坐标。实测坐标与标高的精度应不低于建筑物和构筑物的定位精度。外业实测时，必须在现场绘出草图，最后根据实测成果和草图，在室内进行展绘，便成为完整的竣工总平面图。

3. 竣工总平面图最终绘制

（1）分类竣工总平面图的编绘

对于大型企业和较复杂的工程，如将厂区地上、地下所有建筑物和构筑物都绘在一张总平面图上，这样将会形成图面线条密集，不易辨认。为了使图面清晰醒目，便于使用，可根据工程的密集与复杂程度，按工程性质分类编绘竣工总平面图。一般有下列几种分类图：

1）总平面及交通运输竣工图

① 应绘出地面的建筑物、构筑物、公路、铁路、地面排水沟渠、树木绿化等设施。

② 矩形建筑物、构筑物在对角线两端外墙轴线交点，应注明两点以上坐标。

③ 圆形建筑物、构筑物，应注明中心坐标及接地外半径。

④ 所有建筑物都应注明室内地坪标高。

⑤ 公路中心的起终点、交叉点，应注明坐标及标高，弯道应注明交角、半径及交点坐标，路面应注明材料及宽度。

⑥ 铁路中心的起终点、曲线交点，应注明坐标，在曲线上应注明曲线的半径、切线长、曲线长、外矢矩、偏角诸元素；铁路的起终点、变坡点及曲线的内轨轨面应注明标高。

2）给、排水管道竣工图

① 给水管道：应绘出地面给水建筑物、构筑物及各种水处理设施。在管道的结点处，当图上按比例绘制有困难时，可用放大详图表示。管道的起终点、

交叉点、分支点，应注明坐标；变坡处应注明标高；变径处应注明管径及材料；不同型号的检查井，应绘详图。

② 排水管道：应绘出污水处理构筑物、水泵站、检查井、跌水井、水封井、各种排水管道、雨水口、排出水口、化粪池以及明渠、暗渠等。检查井应注明中心坐标、出入口管底标高、井底标高、井台标高；管道应注明管径、材料、坡度；对不同类型的检查井应绘出详图。此外，还应绘出有关建筑物及铁路、公路。

3）动力、工艺管道竣工图

① 应绘出管道及有关的建筑物、构筑物，管道的交叉点、起终点，注明坐标及标高、管径及材料。

② 对于地沟埋设的管道，在适当地方绘出地沟断面，表示出沟的尺寸及沟内各种管道的位置。此外，还应绘出有关的建筑物、构筑物及铁路、公路。

4）输电及通信线路竣工图

① 应绘出总变电所、配电站、车间降压变电所、室外变电装置、柱上变压器、铁塔、电杆、地下电缆检查井等。

② 通信线路应绘出中继站、交接箱、分线盒（箱）、电杆、地下通信电缆入孔等。

③ 各种线路的起终点、分支点、交叉点的电杆应注明坐标；线路与道路交叉处应注明净空高。

④ 地下电缆应注明深度或电缆沟的沟底标高。

⑤ 各种线路应标明线径、导线数、电压等数据，各种输变电设备应注明型号、容量。

⑥ 应绘出有关的建筑物、构筑物及铁路、公路。

5）综合管线竣工图

① 应绘出所有的地上、地下管道，主要建筑物、构筑物及铁路、道路。

② 在管道密集处及交叉处，应用剖面图表示其相互关系。

工业企业竣工总平面图的编绘最好的办法是：随着单位或系统工程的竣工，及时地编绘单位工程平面图，由专人汇总各单位工程平面图编绘竣工总平面图。

这种办法可及时利用当时竣工测量成果进行编绘，如发现问题，能及时到现场实测查对，同时边竣工边编绘竣工总平面图，可以考核和反映施工进度。

（2）竣工总平面图的图面内容和图例

竣工总平面图的图面内容和图例，一般应与设计图取得一致。图例不足时，可补充编制，必须加图例说明。

（3）竣工总平面图的附件

为了全面反映竣工成果，便于生产管理、维修和日后企业的扩建和改建，下列与竣工总平面图有关的一切资料，应分类装订成册，作为竣工总平面图的附件保存。

1）地下管线竣工纵断面图。

2）铁路公路竣工纵断面图。工业企业铁路专用线和公路竣工后，应进行铁路轨顶和公路路面（沿中心线）水准测量，以编绘竣工纵断面图。

3）建筑场地及其附近的测量控制点布置图及坐标与高程一览表。

4）建筑物或构筑物沉降及变形观测资料。

5）工程定位、检查及竣工测量的资料。

6）设计变更文件。

7）建设场地原始地形图。

第九章 测量工作的管理

第一节 安全操作规程

1. 仪器在作业过程中的安全事项

（1）架设仪器时的注意事项

观测前 30 分钟，将仪器置于露天阴影处，使仪器与外界气温趋于一致，并进行仪器预热。测量中避免望远镜直接对着太阳；尽量避免视线被遮挡，观测时可用伞遮蔽阳光。待到仪器基本与工作环境的气温一致时，选择坚固地面架设三脚架，若条件允许，应尽量使用木脚架，这样可以减少工作中的震动，更好地保证测量精度。在打开三脚架时，应检查其各部件是否牢固，以免在工作过程中滑动。三脚架一定要架设稳当，其关键在于三条腿不能分得太窄也不能分得太宽，一般与地面大致成 60° 即可。在山坡或下井架设时，必须两条腿在下坡方向均匀地踩入地内，不要顺铅垂方向踩，也不能用冲力往下猛踩。确保三脚架架设稳固后，从设备箱中取出仪器。仪器开箱前，应将仪器箱平放在地上，严禁提或怀抱着仪器开箱，以免仪器在开箱时落地损坏。开箱后应注意看清楚仪器在箱中安放的状态，以便在用完后按原样入箱。

取仪器时不能用一只手将仪器提出，应一手握住仪器支架，另一只手托住仪器基座慢慢取出。取出后，随即将仪器竖立抱起并安放在三脚架上，再旋上中心螺旋。然后关上仪器箱并放置在不易碰撞的安全地点。开始测量前应仔细全面检查仪器，确信仪器各项指标、功能、电源、初始设置和改正参数均符合要求再进行作业。

（2）仪器在施测过程中的注意事项

在整个施测过程中，观测人员不得离开仪器。如因工作需要而离开时，应委托旁人看管或者将仪器装入箱内带走，以防止发生意外事故。

仪器在野外作业时，如日照强烈，必须用伞遮阳。使用全站仪、光电测距仪，禁止将望远镜直接对准太阳，以免伤害眼睛和损害测距部分发光二极管。

在坑内作业时要注意避开仪器上方的淋水或可能掉下来的石块等，以免影响观测精度和保护仪器安全。

仪器箱上不能坐人，防止箱子承受不了那么大的压力以致压坏箱子，甚至压坏仪器。

当旋转仪器的照准部时，应用手握住其支架部分，而不要握住望远镜，更不能用手抓住目镜来转动。

仪器的任一转动部分发生旋转困难时，不可强行旋转，必须检查并找出所发生困难的原因，并消除解决此问题。

仪器发生故障以后，不应勉强继续使用，否则会使仪器的损坏程度加剧。但不要在野外或坑道内任意拆卸仪器，必须带回室内，由专业人员进行维修。

不能用手指触及望远镜物镜或其他光学零件的抛光面。对于物镜外表面的灰尘，可轻轻擦拭；而对于较脏的污秽，最好在室内的条件下处理。

在室外作业遇到雨、雪时，应将仪器立即装入箱内。不要擦拭落在仪器上的雨滴，以免损伤涂漆。须将仪器搬到干燥的地方让它自行晾干，然后用软布擦拭仪器，再放入箱内。

（3）仪器在搬站时的注意事项

仪器在搬站时是否要装箱，可根据仪器的性质、大小、重量和搬站的远近，以及道路情况、周围环境情况等具体因素具体情况而决定。当搬站距离较远、道路复杂，要通过小河、沟渠、围墙等障碍物时，仪器最好装入箱内。在进行地面或坑内测量时，一般距离比较近，可不装箱搬站，但必须从三脚架架头上卸下来，由一人抱在身上携带；当通过沟渠、围墙等障碍物时，仪器必须由一人传给另一个人，不要直接携带仪器跳跃，以免震坏或摔坏仪器。

（4）仪器使用后的安全运送

现场作业完成后，关闭主机盖上镜头盖，将所有微动螺旋旋至中央位置，并将仪器外表的灰尘擦干净，然后按取出时的原位轻轻放入箱中。放好后要稍微拧紧制动螺旋，以免携带时仪器在箱中摇晃受损。关闭箱盖时要缓慢妥善，不可强压或猛力冲击，试盖箱盖一次再将仪器箱盖盖好后上锁。

仪器运输应将仪器装于箱内，运输时应小心避免挤压、碰撞和剧烈震动，长途运输时最好在箱子周围使用软垫。仪器受震后会使机械或光学零件松动、移位或损坏，以致造成仪器各轴线的几何关系变化，光学系统成像不清或像差增大，机械部分转动失灵或卡死。轻则使用不便，影响观测精度；重则不能使用甚至报废。测量仪器越精密越是要注意防震，在运送仪器的过程中更是如此。

2. 测绘仪器的三防措施

生霉、生雾、生锈是测绘仪器的"三害"，直接影响测绘仪器的质量和使用寿命，影响观测使用。因此需按不同仪器的性能要求，采取必要的防霉、防雾、防锈措施，确保仪器处于良好状态。

（1）测绘仪器防霉措施

1）每日收装仪器前，应将仪器光学零件外露表面清刷干净后再盖镜头盖，并使仪器外表面清洁后方能装箱密封保管。

2）仪器外壳有通孔的，用完后须将通孔盖住。

3）仪器箱内放入适当的防霉剂。

4）外业仪器一般情况下6个月（湿热季节或湿热地区1～3个月）应对仪器的光学零件外露表面进行一次全面的擦拭，内业仪器一般一年（湿热季节或湿热地区6个月）须对仪器未密封的部分进行一次全面的擦拭。

5）每台内业仪器必须配备仪器罩，每次操作完毕，应将仪器罩罩上。

6）检修时，对所修理的仪器外表和内部必须进行一次彻底的擦拭，注意不应用有机溶剂和粗糙擦布用力擦仪器的密封部位，以免破坏仪器的密封性，对产生霉斑的光学零件表面必须彻底除霉，使仪器的性能恢复到良好状态。

7）修复仪器装配时须对仪器内部的零件进行干燥处理，并更换或补放仪器内腔防霉药片，修复装配后，仪器必须密封的部位，应恢复密封状态。

8）仪器在运输过程中，必须有防震设施，以免因震动剧烈引起仪器的密封性能下降，密封性能下降的部位，应重新采取密封措施，使仪器恢复为良好的密封状态。

9）作业中暂时停用的电子仪器，每周至少通电1小时，同时使各个功能正常运转。

（2）测绘仪器防雾措施

1）每次清擦完零件表面后，再用干棉球擦拭一遍，以便除去表面潮气，每次测区作业终结后，应对仪器的光学零件外露表面进行擦拭。

2）调整或操作仪器时，勿用手心对准零件表面，并在仪器运转时避免将油脂挤压或拖粘于光学零件表面上。

3）外业仪器一般情况下6个月（湿热季节或湿热地区3个月）须对仪器的光学零件外露表面进行一次全面擦拭，内业仪器一般在1年（温热季节或湿热地区3～6个月）内对仪器外表进行一次全面清擦，并用电吹风机烘烤光学零件外露表面（温度升高不得超过60℃）。

4）防止人为破坏仪器密封造成湿气进入仪器内腔和浸润零件表面。

5）除雾后或新配置的零件表面须用防雾剂进行处理，一旦发现水性雾，应用烘烤或吸潮的方法清除；发现油性雾应用清洗剂擦拭干净并进行干燥处理。

6）严禁使用吸潮后的干燥剂。

7）保管室内应配备适当的除湿装置，长期不用的仪器的外露零件，经干燥后垫一层干燥脱脂棉，再盖镜头盖。

（3）测绘仪器防锈措施

1）凡测区作业终结收测时，将金属外露面的临时保护油脂全部清除干净，涂上新的防锈油脂。

2）外业仪器防锈用油脂，除了具有良好的防锈性能，还应具有优良的置换性，并应符合挥发性低、流散性小的要求，要根据仪器的润滑防锈要求和说明书用油的规定适当选用不同配合间隙、不同运转速度和不同轴线方向所用的油脂。

3）外业仪器一般情况下6个月（湿热季节或湿热地区1～3个月）须对仪器外露表面的润滑防锈油脂进行一次更换，内业仪器一般应在1年（湿热季节或湿热地区6个月）须将仪器所用临时性防锈油脂全部更换一次，如发现锈蚀现象，必须立即除锈。并分析锈蚀原因，及时改进防锈措施。

4）仪器进行检修时，对长锈部位必须除锈，除锈时应保持原表面粗糙度数值或降低不超过相邻的粗糙度值。并且在对金属裸露表面清洗或除锈后，必须进行干燥处理。

5）必须将原用油脂彻底清除，通过干燥处理后，涂抹新的油脂进行防锈。

6）对有运动配合的部位涂防锈油脂后必须来回运动几次，并除去挤压出来的多余油脂。

7）对非成型保护膜防锈油脂涂抹后应用电容器纸或防锈纸等加封盖。

8）保管室在不能保证恒温恒湿的要求时，须做到通风、干燥、防尘。

第二节 班组管理

1. 施工测量中的两种管理体制

由于各工程公司规模与管理体制的不同，对施工测量的管理体系也不一样。一般规模较大的工程公司对施工测量尚较重视，多在公司技术质量部门设专业测量队，由工程测量专业工程师与测量技师组成，配备全站仪与精密水准仪等成套仪器，负责各项目部（工程处）工程的场地控制网的建立、工程定位及对各项目部（工程处）放线班组所放主要线位进行复测验线，此外还可担任变形与沉降等观测任务。项目部（工程处）设施工放线班组，由高级或中级放线工负责，配备一般经纬仪与水准仪，其任务是根据公司测量队所定的控制依据线位与标高，进行工程细部放线与抄平，直接为施工作业服务。另一种施工测量体制是工程公司的规模也不小，但对施工测量工作的重要性与技术难度认识不足，以精减上层为名而只是在项目部（工程处）设施工测量班组，由放线工组成，受项目工程师或土建技术员领导，测量班组的任务是工程场地控制网的测设、工程定位及细部放线抄平全面负责，而验线工作多由质量部门负责，由于一般质检人员的测量专业水平有限，故验线工作一般效果多不理想。

实践证明上述两种施工测量管理体制，以前者效果为好，具体反映在以下3个方面：

1）测量专业人才与高新设备可以充分发挥作用，不同水平的放线工也能因材适用。

2）测量场地控制网与工程定位的质量有保证，并能承接大型、复杂工程测量任务。

3）有专业技术带头人，有利于实践经验的交流总结和人员的系统培训，这是不断提高测量工作质量的根本。

2. 施工测量班组管理的基本内容

施工测量工作是工程施工总体的全局性、控制性工序，是工程施工各环节之初的先导性工序，也是该环节终了时的验收性工序。根据施工进度的需要，及时准确地进行测量放线、抄平，为施工挖槽、支模提供依据是保证施工进度和工程质量的基本环节，而这一点在日常作业中容易为人忽视，测量工往往被人们认为是不创造产值的辅助工种，可一旦测量出了问题，如：定位错了，将造成整个建筑物位移；如标高引错，将造成整个建筑抬高或降低；竖向失控，将造成建筑整体倾斜；护坡桩监测不到位，造成基坑倒塌，等等。总之，由于测量工作的失误，造成的损失有时是严重的、是全局性的。故有经验的施工负责人对施工测量工作都较为重视,他们明白"测量出错,全局乱"的教训,因而选派业务精良、工作上认真负责的测量专业人员负责组建施工测量班组。其管理工作的基本内容有以下 6 项:

(1)认真贯彻全面质量管理方针,确保测量工作质量

1)进行全员质量教育,强化质量意识。主要是根据国家法令、规范、规程要求与《质量管理和质量保证标准》(GB/T 19000—2008)规定,把好质量关,做到测量班组所交出的测量成果正确、精度合格,这是测量班组管理工作的核心,也是荣誉所在。要做到人人从内心理解:观测中产生误差是不可避免的,工作中出现错误也是难于杜绝的客观现实。因此能自觉的做到:作业前要严格审核起始依据的正确性,在作业中坚持测量、计算工作步步有校核的工作方法。以真正达到:错误在我手中发现并剔除,精度合格的成果由我手中交出,测量工作的质量由我保证。

2)充分做好准备工作,进行技术交底与学习有关规范。校核设计图纸、校测测量依据点位与数据、检定与检校仪器与钢尺,以取得正确的测量起始依据,这是准备工作的核心。要针对工程特点进行技术交底与学习有关规范、规章,以适应工程的需要。

3)制定测量方案,采取相应的质量保证措施。做好制定测量方案前的准备工作,制定好切实可行又能预控质量的测量方案;按工程实际进度要求,执行好测量方案,并根据工程现场情况,不断修改、完善测量方案;并针对工程需要,制定保证质量的相应措施。

4)安排工程阶段检查与工序管理。主要是建立班组内部自检、互检的工作制度与工程阶段检查制度,强化工序管理。

5)及时总结经验,不断完善班组管理制度与提高班组工作质量。主要是注意及时总结经验,累积资料,每天记好工作日志,做到班组生产与管理等工作均有原始记载,要记简要过程与经验教训,以发扬成绩、克服缺点,改进工作,使班组工作质量不断提高。

(2)班组的图纸与资料管理

设计图纸与洽商资料不但是测量的基本依据,而且是绘制竣工图的依据,并有一定的保密性。施工中设计图纸的修改与变更是正常的现象,为防止按

过期的无效图纸放线与明确责任，一定要管好用好图纸资料。

1）做好图纸的审核、会审与签收工作。

2）做好日常的图纸借阅、收回与整理等日常工作，防止损坏与丢失。

3）按资料管理规程要求，及时做好归案工作。

4）日常的测量外业记录与内业计算资料，也必须按不同类别管好。

（3）班组的仪器设备管理

测量仪器设备价格昂贵，是测量工作必不可少的，其精度状况又是保证测量精度的基本条件。因此，管好用好测量仪器是班组管理中的重要内容。

1）做好定期检定工作。

2）在检定周期内，做好必要项目的检校工作，每台仪器要建有详细的技术档案。

3）班组内要设人专门管理，负责账物核实、仪器检定、检校与日常收发检查工作；高精度仪器要由专人使用与保养。

4）仪器应放在钢板柜中保存，并做好防潮、防火与防盗措施。

（4）班组的安全生产与场地控制桩的管理

1）班组内要有人专门管理安全生产，防止思想麻痹造成人身与仪器的安全事故。

2）场地内各种控制桩是整个测量工作的依据，除在现场采取妥善的保护措施外，要有专人经常巡视检查，防止车轧、人毁，并提请有关施工人员和施工队员共同给以保护。

（5）班组的政治思想与岗位责任管理

1）加强职业道德和文化技术培训，使班组成员素质不断提高，这是班组建设的根本。

2）建立岗位责任制，做到事事有人管、人人有专责、办事有标准、工作有检查。使班组人人关心集体，团结配合全面做好各方工作。

（6）班组长的职责

1）以身作则全面做好班组工作，在执行"测量方案"中要有预见性，使施工测量工作，紧密配合施工，主动为施工服务，发挥全局性、先导性作用。

2）发扬民主调动全班组成员的积极性，使全班组人员树立群体意识、维护班组形象与企业声誉，把班组建成团结协作的先进集体。

3）严格要求全班组成员，认真负责做好每一项细小工作，争取少出差错，做到奖惩分明一视同仁，并使工作成绩与必要的奖励挂钩。

4）注意积累全组成员的经验与智慧，不断归纳、总结出有规律的、先进的作业方法，以不断提高全班组的作业水平，为企业做出更大贡献。

第三节 仪器的保养

测量仪器是复杂而又精密的设备，在户外进行作业时，经常遭受风吹、雨淋、日晒、灰尘和湿气等有害因素的侵蚀。因此，除了要正确使用测量仪器，更应妥善地保养，对于保证仪器精度，延长其使用年限具有极其重要的意义。

1. 测量仪器的日常保养

（1）主机和基座的保养

望远镜与机身支架的连接处应经常用干净的布清理，如果灰尘等堆积过多，会造成望远镜的转动困难或卡死现象；基座的脚螺旋处应保持干净、清洁，有灰尘应及时清理，以免出现卡死。

（2）物镜、目镜和棱镜的保养

物镜、目镜和棱镜等沾染上灰尘，将会影响到观测时的清晰度，所以日常必须进行保养。首先选用干净柔软的布或毛刷，切记不要用手直接触摸透镜，如果有需要可用纯酒精蘸湿由透镜中心向外一圈圈的轻轻擦拭，不要使用其他液体，以免损坏仪器零部件。

（3）数据线和插头的保养

数据线是测量内业传输数据时必备的工具，但因为体积较小，经常被随意乱放造成丢失或破损，因此在存放时一定要将其捆绑好，放置在仪器箱内的相应位置，不要被利器或重物压到。插头或数据线接口处要保持插头清洁、干燥，及时吹去连接上面的灰尘。

（4）使用干电池仪器的保养

激光类仪器短期使用时一般采用 5 号电池供电，电池更换时，下面一节可用吸棒取出，仪器一旦使用完毕应将电池取出，以免腐蚀损坏仪器。长期使用时应用电压为 3V 的蓄电池供电。接线时请认准导线红色为"＋"极，切勿接反。反接将对激光器造成损坏。

请勿使用网电，即勿使用通过变压和整流输出的直流电供电，因为建筑工地上的网电受到电焊机和大型施工电动机的影响，会出现大的浪涌，经变压和整流后的直流电也会存在浪涌，它们将会严重缩短激光器的使用寿命。

（5）测量辅助设备保养

测量辅助设备是辅助仪器主机完成测量工作的设备，包括三脚架、塔尺、钢卷尺、盒尺等，由于这些设备成本较低经常被人们所忽视。但是它们的破损程度同样决定着测量的精度和效率，所以平时应将三脚架拧紧、活动腿缩回并将腿收拢，应平放或者竖直放置，不应随便斜靠，以防挠曲变形；塔尺、钢卷尺和盒尺也应在使用完后，对尺身进行擦拭，注意不要折压。

（6）仪器受潮后处理

仪器被雨水淋湿或受潮后，应将其从仪器箱取出，在温度不超过 40℃ 的条件下干燥仪器、仪器箱、箱内的其他附件。取出仪器后切勿开机，应用干净软布擦拭并在通风处存放一段时间，直到所有设备完全干燥后再放入仪器箱内。

（7）仪器的存放

仪器不使用时，务必置于仪器的包装箱中。除去仪器箱上的灰尘，切不可使用任何稀释剂或汽油，而应用干净的布块蘸中性洗涤剂擦拭。仪器应放置于清洁、干燥、通风良好的室内。室内不要存放具有酸、碱类气味的物品，以防腐蚀仪器。在冬天，仪器不能存放在暖气设备附近。

2. 电子仪器的日常维护保养

电子仪器在不使用的情况下，同样应该注重其维护保养。在很多情况下，认为仪器设备没有发生故障，不用的时候就搁置一边，不闻不问。这样做不但影响仪器设备的性能，如果长期下去，将会使仪器设备报废，造成严重损失。所以，为了保证仪器设备的性能，技术指标良好，对平时不使用的仪器应定期进行维护保养。所有仪器在连接外部设备时，应注意相对应的接口、电极连接是否正确，确认无误后方可开启主机和外围设备。拔插接线时不要抓住线就往外拔，应握住接头顺方向拔插；也不要边摇晃插头边拔插，以免损坏接头。数据传输线、GPS（监控器）天线等在收线时不要弯折，应盘成圈收藏，以免各类连接线被折断而影响工作。

在实际工作中会发现，有些仪器设备刚开机时性能不是很稳定，这就是由于长期闲置造成的，通过暖机一段时间后，才可基本恢复正常。一般认为这是仪器的正常情况，但实际上这种情况说明仪器设备已经受到了影响，只有通过日常维护和保养，才能避免这些事故的发生。首先，仪器设备要保持清洁，以减少灰尘的影响。在清洁过程中，要严格按照仪器设备说明书中的要求进行，尤其是不能用导电的溶液或水来擦拭仪器设备。其次，是仪器设备的外观不要随意改变，以免会影响到仪器设备的散热和绝缘效果，要保证仪器设备的各种标志不被破坏。最后，还要定期通电维护保养，应定期进行干燥处理，这样可以起到除湿的作用，否则，有可能造成仪器设备的短路。

在电子仪器长期存放时，对电池的维护保养同样重要，仪器设备在不使用时，应将仪器上的电池卸下分开存放，最好在常温存放，这有助于延长电池的使用寿命。电池在不使用时会自动放电，如果长时间不用，电池应每月充电一次，在充电前确认电池内电量已全部放掉。在天气炎热时不要将电池放在车内储存。

现在许多仪器设备的自身保护已相当完善，可以对短路、超温和过流等作出故障警告，使仪器设备本身得到保护。仪器设备往往对周围环境包括温度、湿度等都有严格要求，因此，仪器设备在运行中的防尘和散热也是相当重要的。目前很多仪器设备中使用最大的缺点就是对静电和灰尘特别敏感，如果不小心会在不经意间造成损坏。灰尘也是产生静电和造成短路的原因，经常导致仪器设备故障。有时仪器设备在调试时是正常的，当投入使用后一段时间，温度或灰尘等会对仪器设备产生影响，这时还要注意对仪器设备散热和除尘。

总之，只有在日常的工作中，注意仪器的使用和维护，注意电池的充放电，才能延长电子仪器的使用寿命，使仪器设备的功效发挥到最大。

第四节 施工测量的安全管理

测量人员必须在制定测量方案时，根据现场情况按"预防为主"的方针，在每个测量环节中落实安全生产的具体措施。

1. 工程测量的一般安全要求

1）进入施工现场的作业人员，必须首先参加安全教育培训，考试合格后方能上岗作业，未经培训或考试不合格者，不得上岗。

2）不满18周岁的未成年人，不得从事工程测量工作。

3）作业人员服从领导和安全检查人员的指挥，工作时，思想集中，坚守岗位，未经许可，不得从事非本工种作业，严禁酒后作业。

4）施工测量负责人每日上班前，必须集中本项目部全体人员，针对当天任务，结合安全技术措施内容和作业环境、设施、设备安全状况及本项目部人员技术素质、自我保护的安全知识、思想状态，有针对性地进行班前活动，提出具体注意事项，跟踪落实，并做好记录。

5）六级以上强风和下雨、下雪天气，应停止露天测量作业。

6）作业中出现不安全险情时，必须立即停止作业，组织撤离危险区域，报告上级领导解决，不准冒险作业。

7）在道路上进行导线测量、水准测量等作业时，要注意来往车辆，防止发生交通事故。

2. 建筑工程施工测量的安全管理

1）进入施工现场的人员必须戴好安全帽，系好帽带；按照作业要求正确穿戴个人防护用品，着装要整齐；在没有可靠安全防护设施的高处（2m以上，如悬崖和陡坡）施工时，必须系好安全带；高处作业不得穿硬底和带钉易滑的鞋，不得向下投掷物体；严禁穿拖鞋、高跟鞋进入施工现场。

2）施工现场行走要注意安全，避让现场施工车辆，避免发生事故。

3）施工现场不得攀登脚手架、井字架、龙门架、外用电梯，禁止乘坐非载人的垂直运输设备上下。

4）施工现场的各种安全设施、设备和警告、安全标志等未经领导同意不得任意拆除和随意挪动。确实因为测量通视要求等需要拆除安全网的安全设施，要事先与总包方相关部门协商，并及时予以恢复。

5）在沟、槽、坑内作业必须经常检查沟、槽、坑壁的稳定情况，上下沟、槽、坑必须走坡道或梯子，严禁攀登固壁支撑上下，严禁直接从沟、槽、坑壁上挖洞攀登或跳下，间歇时，不得在槽、坑坡脚下休息。

6）在基坑边沿进行架设仪器等作业时，必须系好安全带并挂在牢固可靠处。

7）配合机械挖土作业时，严禁进入铲斗回转半径范围。

8）进入现场作业面必须走人行梯道等安全通道，严禁利用模板支撑攀登上下，不得在墙顶、独立梁及其他高处狭窄而无防护的模板上面行走。

9）地上部分轴线投测采用内控法作业的，在内控点架设仪器时要注意上方洞口安全，防止洞口坠物发生人员和仪器事故。

10）发生伤亡事故必须立即报告领导，抢救伤员，保护现场。

3. 建筑变形测量的安全管理

1）进入施工现场必须佩戴好安全用具，安全帽戴好并系好帽带；穿戴整齐进入施工现场。

2）在场内、场外道路进行作业时，要注意来往车辆，防止发生交通事故。

3）作业人员处在建筑物边沿等可能坠落的区域应系好安全带，并挂在牢固位置，未到达安全位置不得松开安全带。

4）在建筑物外侧区域立尺等作业时，要注意作业区域上方是否交叉作业，防止上方坠物伤人。

5）在进行基坑边坡位移观测作业时，必须佩戴安全带并挂在牢固位置，严禁在基坑边坡内侧行走。

6）在进行沉降观测点埋设作业前，应检查所使用的电气工具，如电线橡皮套是否开裂、脱落等，检查合格后方可进行作业，操作时佩戴绝缘手套。

7）观测作业时拆除的安全网等安全设施应及时恢复。

参考文献

[1] 国家标准. GB 50026—2007 工程测量规范（附条文说明）[S]. 北京：中国计划出版社，2007.

[2] 梁玉成. 建筑识图 [M]. 北京：中国环境科学出版社，2007.

[3] 徐广翔. 建筑工程测量 [M]. 上海：上海交通大学出版社，2005.

[4] 高井祥. 测量学 [M]. 北京：中国矿业大学出版社，2010.

[5] 白会人. 我是大能手·测量放线工 [M]. 北京：化学工业出版社，2015.

[6] 聂俊兵，赵得思. 建筑工程测量 [M]. 郑州：黄河水利出版社，2010.

[7] 魏静. 建筑工程测量 [M]. 北京：机械工业出版社，2008.